Conéctate con el dinero^{MR}

Jürgen Klarić

Conéctate con el dinero^{MR}

DEJA ATRÁS TU MENTE POBRE Y ÁBRETE A LA RIQUEZA

PAIDÓS EMPRESA

Diseño de interiores: Cortesía de Biia International Publishing
Diagramación: Hernán García Crespo / *cajatipografica*

© 2019, Ediciones Culturales Paidós, S.A. de C.V.
Bajo el sello editorial PAIDÓS M.R.
Avenida Presidente Masarik núm. 111, Piso 2
Colonia Polanco V Sección, Miguel Hidalgo
C.P. 11560, Ciudad de México
www.planetadelibros.com.mx
www.paidos.com.mx

Primera edición en formato epub: agosto de 2019
ISBN: 978-607-747-759-4

Primera edición impresa en México: agosto de 2019
ISBN: 978-607-747-760-0

Impreso en los talleres de Foli de México, S.A. de C.V. Negra Modelo No. 4 Bodega A, Col. Cervecería Modelo, C.P. 53330 Naucalpan de Juárez, Estado de México. Impreso y hecho en México - *Printed and made in Mexico*

Agradezco...

A mis padres por haberme dado tanto de todo.

Agradezco a mi hermana por ser el mejor ser humano del mundo.

Agradezco a mi esposa por ser la mejor socia y amiga en el mundo.

Agradezco a mis lectores y seguidores por haberme enseñado que no hay nada más lindo que dar.

Agradezco a Dios por darme vida e inteligencia para dejar de ser ignorante y feliz.

Y finalmente agradezco al dinero por haberme cambiado la vida y también la de tanta gente.

ÍNDICE

Nací mente rica y me volví mente pobre

¡Hay tantas cosas en la vida **más importantes** que el dinero! ¡Pero cuestan tanto!
—Groucho Marx

La idea de este libro surgió cuando me di cuenta de que había entrenado a miles de vendedores que eran realmente exitosos y, sin embargo, no tenían dinero. ¿Cómo podía ser que el mejor vendedor de automóviles de México, una persona a la que yo entreno, no tuviera dinero? Y por supuesto, él no es el único, muchos empresarios, comerciantes, dueños de negocios pasan por lo mismo. Su negocio crece como nunca, se expanden como locos, están exportando, dominan el mercado. Eso sería para que sus cuentas bancarias estuvieran casi a reventar, para que el dinero les alcanzara hasta para dejarles a sus nietos la vida asegurada. Y nada. De repente hablas con ellos y te enteras de que están prácticamente en ceros y de que a pesar de todo su éxito, viven al día.

¿CÓMO PUEDE SER ESO?

Una de las personas que jugaron un papel determinante durante mi infancia fue mi tío Costo. Hasta el día de hoy es el que más dinero ha tenido en la familia. Es un hombre verdaderamente rico. Se llama Constantino, pero todos de cariño le llamamos Costo. Yo siempre lo he admirado. Desde niño me sentía fascinado por su riqueza material y por su estilo de vida. Recuerdo que me encantaba la escalera de caracol que tenía en el vestíbulo de su casa. Amaba viajar con él en su Mercedes Benz, montar juntos sus hermosos caballos. Todo eso impresionaba mi fantasía e imaginación de niño, por eso me ponía muy feliz todas las veces que tenía oportunidad de estar con él. Teníamos una relación muy cercana y yo no paraba de identificarme con su personalidad.

Lo interesante es que en mi familia todos hablaban muy mal de Costo. Consideraban como algo tremendamente negativo el hecho de que él fuera tan rico, como si su riqueza hubiera sido el resultado de un pacto con el diablo. No exagero, en mi familia se referían a él como si fuera el mismísimo Fausto y hubiera hecho una alianza con Mefistófeles para alcanzar el éxito que tanto le envidiaban. Mis papás pensaban que un millonario era una mala influencia para mí.

Yo vengo de una familia muy católica. Mi abuela y mi mamá siempre me recitaban versículos de la Biblia, como ese que dice: "es más fácil que un camello entre por el ojo de una aguja, que el que un rico entre en el Reino de los Cielos". Lo curioso es que mis familiares, al hablar mal del dinero, terminaban exaltando la mente pobre como si fuera una virtud. ¡Qué despropósito y qué contradicción!

Por eso en mi círculo familiar no se veía con buen ojo que yo pasara tanto tiempo con mi tío Costo, y cada día mi abuela me decía: "Jürgencito, eres demasiado materialista, igualito a tu tío".

Yo me sentía fascinado por el dinero, pero en mi familia me enseñaron que el dinero significa discordia. A mí me criaron diciéndome que el dinero es una porquería. Decían que si yo seguía juntándome con mi tío Costo, iba a volverme como él. Y eso me dolía, porque yo lo quería mucho y me encantaba su prosperidad. Para mí él era un modelo a seguir y su ejemplo me ayudó a tener una mente rica cuando el resto de las personas a mi alrededor tenían mente pobre.

Y es que yo desde pequeño le tenía cariño al dinero. Me gustaba. Lo amaba. Me atraía. Cuando yo era niño, no consideraba que el dinero fuera algo sucio, pecaminoso, malo. Todo lo contrario. Para mí el dinero era algo precioso, encantador. Mi mente todavía no estaba contaminada por los condicionamientos culturales, sociales y religiosos que más adelante perjudicarían mi relación con el dinero. Mi mente de niño veía el dinero en su realidad genuina y en su esencia pura. Me encantaba.

La conexión que yo tenía con el dinero tiene que ver con el contexto en el cual me criaron. Soy hijo de papás bolivianos pero pasé los primeros años de mi vida en los Estados Unidos. El ámbito social y cultural en el cual crecí ejerció enorme influencia en la forma como aprendí a percibir el dinero durante mi niñez.

Efectivamente, la relación íntima entre felicidad y prosperidad está inscrita en el código cultural de los Estados Unidos. En la Declaración de Independencia se proclama el derecho a "la vida, la libertad y la búsqueda de la felicidad". En este contexto, la felicidad se entiende como prosperidad.

De hecho, uno de los padres de la Declaración de Independencia fue Thomas Jefferson, quien se consideraba a sí mismo un epicúreo, o sea, alguien que dedica la vida a la búsqueda de la felicidad, la prosperidad y el bienestar. Para Jefferson y sus contemporáneos, el dinero era un medio para lograr la felicidad y de ninguna manera era percibido como un impedimento para el desarrollo personal, sino como un vehículo privilegiado para lograr el autogobierno y la autosuficiencia.

En Estados Unidos, esta visión de la vida y del dinero fue influenciada por los Puritanos, que a aquellas tierras llegaron en el 1630. Ellos consideraban que su misión era construir "la nueva ciudad sobre una colina". Se identificaban con Moisés, que lideró el pueblo de Israel a la tierra prometida. Por eso para ellos

la riqueza era un signo de la bendición divina; la abundancia del dinero era la prueba de la abundancia de las bendiciones concedidas por Dios.

O sea, el dinero era algo divino y no maligno. Todavía hoy, en la moneda de un dólar, se puede leer el lema de los puritanos: "un nuevo orden de las edades".

Cuando el diplomático y estudioso francés, Alexis de Tocqueville, viajó a los Estados Unidos en 1831, se quedó sorprendido porque vio que allá la riqueza no era heredada sino producto del emprendimiento, y que entonces felicidad, prosperidad e innovación estaban íntimamente relacionadas y se podían lograr gracias a la conexión con el dinero.

Esta premisa es una parte fundamental del código cultural de los Estados Unidos.

Como lo escribe Wallace D. Wattle en su clásico *La ciencia de hacerse ricos*,

"no hay nada malo en el deseo de hacerse rico. El deseo de riqueza es, realmente, el deseo de una vida más rica, más llena, y más abundante; y ese deseo es meritorio y digno. El hombre que no desee vivir con mayor abundancia no es normal; y, por lo tanto, el hombre que no quiere tener el dinero suficiente como para comprar todo lo que quiere, no es normal".

En otras palabras, tener mente rica es normal, cultivar la mente pobre es una aberración. Porque no hay verdadera libertad sin prosperidad y por eso esta es la prueba de la bendición divina. Es una visión muy bonita del dinero y de lo que la conexión con él genera.

¡Cuánta diferencia con los españoles que llegaron a nuestras tierras proclamando "que nada nuevo surja"! Definitivamente la conquista española jodió nuestra relación con el dinero, pero esto lo voy a tratar más adelante. Por ahora, lo que quiero resaltar es que en Estados Unidos, desde Thomas Jefferson hasta los millonarios más famosos de la actualidad, Jeff Bezos, Bill Gates, Mark Zuckerberg, entre muchos otros, han sabido que el dinero compra la felicidad y es parte del bienestar.

Eso es algo en lo cual hoy creo firmemente, pero no siempre fue así. Cuando yo tenía ocho años, mi familia se mudó a Bolivia y empecé a vivir en un país donde más del 75% de la población es pobre. Amo profundamente a esa nación, pero históricamente siempre ha sido muy golpeada. Allá la gente, como en muchos otros países de Latinoamérica, le tiene miedo al dinero. A pesar de este ambiente, intenté por todos los medios seguir viviendo con la mente rica.

En el colegio me conocían como el Niño Dólar, porque empecé a hacer negocios desde muy temprana edad: a los nueve años ya vendía stickers importados. Siempre que mis amigos estaban en la calle del barrio o en el jardín jugando, yo me quedaba en mi cuarto contando una y otra vez los pocos o muchos dólares que iba juntando. Para mí ver dinero en mi caja era un placer total, y con el fin de poder disfrutarlo más, cuando tenía un billete de 20 dólares iba y lo cambiaba por veinte billetes de 1 dólar para que pareciera más grande la cantidad que tenía. No encontraba mejor forma de pasar mi tiempo que inventándome negocios. No solo porque me gustaba tener dinero, sino porque también me gustaba verlo circular y multiplicarse en mis manos.

Me encantaba, por ejemplo, invertir algunos dólares o hasta hacer préstamos y ver cómo a través de las ventas que organizaba, el dinero crecía. Recuerdo que durante unas vacaciones en Estados Unidos estaba en cartelera la famosa película *E.T. El extraterrestre*. Mientras todos se impresionaron con el film y compraban el peluche para llevárselo a su casa, yo pensaba: "Qué buen negocio sería comprar suvenires de E.T. y venderlos en Bolivia cuando la película llegue en unos meses". Mi mamá y gran mentora me prestó el dinero e invertí como 150 dólares. De regreso a Bolivia, vendí hasta el último objeto y obtuve una buena ganancia.

Ahora bien, en esta época no era normal ver a un niño tan enfocado en negocios y tan obsesionado con el dinero. De hecho, si algún chico vendía cosas en el colegio, era por tres razones: el muchacho era pobre, era un materialista muy mal educado, o había algún problema en su hogar. En mi caso, no era ninguna de las tres, simplemente me encantaba el dinero. Pero a mi padre le disgustaba, se moría de vergüenza y trataba de detenerme: "La gente va a decir que yo no te doy dinero o que somos pobres", me decía. Hacer dinero a mi edad era visto como algo malo. Y fue así como con el tiempo asumí una mente pobre.

¿QUÉ PASÓ? ¿A QUÉ HORA ME JODÍ?

Lo que sucedió es que yo había nacido con mente rica, pero estaba rodeado de gente con mente pobre, empezando por mi propia familia.

Aparte de los problemas con mi papá, recuerdo a mi mamá comentar cientos de veces "el dinero es una porquería". Así decía cuando se enteraba de un problema de herencia, de estafas o engaños. Y yo crecí asimilando eso en mi cerebro. Entonces hubo un momento en que llegué a creer que el dinero era muy malo, porque mis papás nunca se conectaron con él. Ahora mis papás están muy viejitos y no tienen dinero, a pesar de que fueron súper buenos profesionales y siempre tuvieron trabajo. Pero lo fueron perdiendo, malgastando, desgastando.

Ten en cuenta, además, que no solo la familia influye; también el entorno. Recuerdo que a los 15 años, cuando vivía en Cochabamba, mis compañeros empezaban a verme como alguien raro por el amor que yo le tenía al dinero. "¿Por qué pierdes tiempo en hacer negocios?" me decían. "Es mejor que esperes". Les parecía tan raro, que empezaron a alejarse de mí.

Solo años después entendí lo importante que es alejarse de la gente que tiene mente pobre.

Pero durante mi adolescencia, sin quererlo desarrollé la creencia de que tener mente rica me llevaba a perder a mis amistades.

Y es que si a ti, desde que naces hasta los 18 o 20 años en que te vas de tu casa, todos te dicen que el dinero es una porquería porque la gente engaña, estafa, pierde a su familia, se divorcia y abandona a sus hijos por dinero, pues tu cerebro se desarrolla creyendo que el dinero es realmente una porquería. Y si vives repitiéndote eso cada día, te puedo garantizar que para ti el dinero va a ser una porquería. Eso terminó por condicionarme, a pesar de que yo desde niño había expresado mi amor por el dinero. Con el tiempo también empecé a tenerle miedo al dinero; a considerarlo como algo malo, dañino, que siempre trae problemas. Como otros a mi alrededor, empecé a creer que el dinero que no es producto de mucho trabajo y esfuerzo, de sacrificios de años, es mal dinero.

Te pongo un ejemplo. Cuando la esposa de un famoso futbolista me dijo que estaba interesada en comprar mi casa, rechacé tres veces su oferta. Pero la mujer era bien terca y no desistió hasta que me hizo una oferta que no pude rechazar. Decidió pagarme una fortuna y cuando vi el dinero en mi cuenta supe que de la noche a la mañana me había vuelto millonario.

Contra lo que pudiera esperarse, esto me provocó un sentido de culpa, pues me parecía que les había robado.

Yo ni siquiera quería venderles la casa, pero ellos me sacaron a punta de billetes. Estaba convencido de que si me había vuelto rico de manera tan acelerada, era porque estaba haciendo algo raro. En lugar de sentirme afortunado y bendecido, me sentía maldecido. Y así en lugar de preocuparme por invertir esa plata para traer aún más abundancia a mi vida, la gasté y la perdí toda en un tiempo récord.

De hecho, lo que hice fue un completo error. Monté un restaurante que costó 450 mil dólares y mandé a hacer dos mueblerías que costaron 500 mil. Me gasté absolutamente todo el dinero, y además terminé con deudas. Lo sé bien: hay que ser demasiado imbécil para perder 1.2 millones de dólares en un año, pero ese era yo en esa época. Entonces no lo sabía, pero esos principios y comportamientos que había adquirido reflejaban los hábitos, o mejor dicho, los defectos de una persona con mente pobre, un concepto que voy a desarrollar en detalle en el próximo capítulo.

Y la historia no termina allí. Cuando me mudé a México, me encontré de pronto en un medio cultural que celebra la trampa, y donde ser rico muchas veces da el derecho a ser abusivo. De hecho, existe un dicho muy común: "El que no transa, no avanza", donde la *transa* es cualquier acción legal o deshonesta. También hay otro refrán popular: "No le pido a Dios que me dé, sino que me ponga donde hay". La gente escucha esto y no se indigna, sino que se ríe como si fuera algo correcto y normal. Es una cultura del "todo se vale", donde si no haces trampa, no lograrás nada en la vida.

En la actualidad, México es un país con una alta concentración de millonarios, pero que hace muy mal uso del dinero. ¡Nunca he visto tantos millonarios abusivos, prepotentes, pretenciosos y corruptos como en México! Este es un país donde los ricos contratan a guardaespaldas para llevar la bolsa de las compras.

¡Utilizar el dinero para el control social y el dominio del otro es un pecado!

Viviendo en México, terminé casándome con una mujer que venía de una familia maravillosa pero sumamente consumista, adicta al *shopping*. Recuerdo que hacíamos las llamadas "compras de pánico" en Texas o Miami. Dos horas antes de ir al aeropuerto, corríamos con ansia a un centro comercial para comprar una gran cantidad de bienes que en realidad no necesitábamos. Era el gusto del consumo por el consumo. Gastar nos daba adrenalina. En esta época yo tenía en el clóset más ropa de la que tengo hoy. En aquel tiempo me gustaban las casas y los carros de lujo. Vivía bajo la ilusión de que los bienes materiales eran la fuente de la felicidad y de la plenitud de la vida. Pensaba que entre más bienes tuviera, más feliz iba a ser. Seguía comportándome, exactamente, como las personas con mente pobre.

¿Cómo fue que por fin logré desprenderme de todos esos principios, creencias y defectos propios de una mente pobre, y que se fueron arraigando en mí con el curso de los años? ¿Cómo fue que logré cambiar radicalmente mi vida?

En este libro voy a decirte las cosas que me ayudaron a dejar de una vez atrás mi mente pobre y aprender a conectarme con el dinero.

En estas páginas encontrarás las cosas que debes saber para transformar tu vida y lograr éxito a través de amar el dinero, simplemente, para que el dinero te ame a ti. Suena fácil, ¿no? Casi tan sencillo como si te enseñara a conquistar a una chica y lograr que la chica al final del cuento se quiera casar contigo. Muy bien, pero aquí a quien tienes que conquistar es al dinero, estar juntos y ser muy felices para siempre.

A mí adulto me costó mucho trabajo volver a la relación sana, armoniosa, y bonita que tenía con el dinero cuando yo era niño. Hay algo en la forma en que crecemos, algo en la forma en que la familia y la sociedad nos enseñan a ver el mundo, que va desgastando nuestra confianza y nuestra visión de la riqueza, y nos convierte poco a poco en mentes pobres. Y revertir este proceso no es fácil. A mí me tomó mucho tiempo reconectar mi cerebro, porque yo era el más mente pobre de todos e inconscientemente le tenía miedo al dinero. Lo conseguí con la ayuda de todo mi equipo de antropología y científicos porque era un tema muy serio para mí. Trece años después puedo decir oficialmente que amo el dinero. ¡Y lo amo como no te puedes imaginar!

Estoy seguro de que si yo fui capaz de hacerlo, tú también puedes dejar atrás tus miedos, amar el dinero y atraerlo hacia ti en cantidades que nunca soñaste.

En este libro te voy a contar qué es esta metodología y cómo funciona, para que tú mismo te encargues de encontrar las respuestas y los cambios que necesitas.

Todo se reduce a algo tan simple y tan práctico como querer al dinero, quererlo de verdad. Para lograrlo, yo tuve que volver a la sencillez del niño para atraer dinero a mi vida.

Si los niños aprendieran a querer al dinero, imagínate qué pasaría. Aunque no todos fueran a la universidad, empezarían a hacer cosas increíbles para tener dinero. Y si además les enseñamos que con él pueden cambiar al mundo, que el dinero no es para comprarse un carro de lujo ni mansiones, ni para andar borrachos o drogados, sino que es para lograr cosas buenas y trascendentes, entonces nuestros países se volverían sumamente abundantes y prósperos. Todos viviríamos en armonía, y diríamos adiós a la pobreza y a la desigualdad.

Definitivamente, el mejor negocio que podría hacer cualquier gobierno es que en la escuela le enseñaran a todos los niños a amar al dinero.

Pero no, en la escuela te enseñan todos los océanos y las capitales del mundo, te enseñan el trinomio cuadrado perfecto, y nunca te enseñan cómo comer, cómo dormir, cómo respirar, cómo vender. Y lo más importante: no te enseñan cómo conectarte con el dinero. Por eso repudio el sistema educativo actual.

En este libro te voy a descubrir tus creencias limitantes.

Estamos llenos de creencias limitantes que nos alejan del dinero en vez de acercarnos. Identificarlas y deshacernos de ellas es básico para conectarnos con el dinero de una manera sincera y honesta.

También te voy a hablar de hábitos, porque definitivamente nuestros hábitos son la llave que nos conecta con el dinero o, como sucede con mucha más frecuencia, son los que nos mantienen alejados de él.

Otros temas que vamos a tratar son competencias, principios, filosofía, valores. Cosas importantes para comprender que para conectarte con el dinero es necesario conectarte con las personas, romper el mito de que todos los ricos son malos. Todo lo contrario: voy a demostrarte qué actitudes desarrollar para ser alguien positivo, desafiante, para dejar de una vez por todas atrás los pretextos y actuar de forma disruptiva. También voy a enseñarte herramientas, tecnología y conocimiento estratégico que debes saber. Cosas prácticas para hacer dinero sin importar si eres experto en tecnología o no, estrategias para que aproveches las oportunidades de hoy.

Te sugiero leer con atención cada capítulo y volver a él cuantas veces sea necesario. Recuerda que conectarte con el dinero es un proceso que ahora tú y yo estamos empezando. Mantente abierto, escucha con atención y transforma tu mente.

CAPÍTULO UNO

La Mente Pobre

Un necio puede muy bien ganar dinero, pero solo un sabio sabrá gastárselo.

—Spurgeon

Te voy a enseñar cómo funciona la mente pobre. Es gente entrenada para regalar dinero o es gente entrenada para desperdiciarlo. Es lo mismo, cualquiera de las dos son modalidades de mente pobre.

Mira este caso, una vez, en uno de mis talleres en Bolivia decidí ayudar a una mujer regalándole un billete de 100 dólares. Ella se puso muy feliz, no lo podía creer. Y cuando le pregunté qué iba a hacer con el dinero, ella me contestó que precisamente al otro día sería el cumpleaños de su esposo (que ni siquiera estaba en la conferencia), así que usaría el dinero que yo le acababa de entregar para invitarlo a cenar.

Eso de inmediato me hizo pensar: "¡Usted tiene mente pobre!". Porque es así como trabaja la mente pobre: cuando le llega la plata así de facilito, luego luego piensa en qué gastarla. El dinero se le va tan fácil como le llegó. Si esa señora hubiera tenido mente rica, habría hecho algo completamente distinto: prometerme que iba a invertir ese dinero.

El que tiene mente rica, cuando recibe 100 dólares regalados piensa de inmediato en cómo convertirlos en otros veinte billetes. La mente pobre, en cambio, se los come al otro día en una cena.

El pobre billete nunca se va a reproducir porque la mente pobre cierra la cadena, corta el ciclo y hace que el billete se mude a la billetera de un mente rica que lo va a saber adoptar.

La señora a la que le di los 100 dólares tenía, por supuesto, más opciones. Yo le propuse una alternativa que al mismo tiempo le diera la oportunidad de quedar bien con su esposo y con los *Benjamins*, como me gusta llamar a los billetes de 100 dólares (por la imagen de Benjamin Franklin que aparece en ellos). Le dije a esa mujer que ella podría buscar un pequeño detalle, escribir una tarjeta de amor, regalarle una flor y

preparar una cena deliciosa en casa. Eso realmente no le iba a costar más de 20 dólares.

El esposo seguro iba a disfrutar esta atención de la misma manera que irse a cenar en un lujoso restaurante, o incluso más, porque la verdad es que valoramos más el esfuerzo y la creatividad que alguien pone para sorprendernos que el lugar a donde vamos a celebrar un cumpleaños. Por eso, unas velas en la terraza, una rica comida hecha en casa, los hijos y amigos que llegan después de la sorpresa para unirse a la celebración... todo eso hace a un cumpleaños más memorable que una estrella Michelin. Así que no era necesario gastar todo el dinero que recibió para alegrar el corazón de su esposo. La señora aprendió algo importante ese día: es la mente pobre la que se gasta el dinero cuando no es necesario.

En el primer capítulo narré cómo, a pesar de que yo nací mente rica, mi entorno y las circunstancias de la vida me convirtieron en mente pobre. Yo asumí creencias y comportamientos típicos de ese tipo de mentes. Y en verdad te digo que no es la ausencia de dinero en tu vida lo que te hace mente pobre. Hay gente que tiene mucho dinero pero es mente pobre. Lo que determina si tienes mente pobre es la calidad de tu conexión con el dinero. Es algo que depende de tus valores, principios, comportamientos y creencias alrededor del dinero.

Por eso te quiero contar sobre el momento en el cual me di cuenta de que yo había desarrollado una mente pobre. Fue un episodio que cambió radicalmente no solo mi conexión con el dinero, sino que también transformó de manera profunda mi vida y la calidad de mis relaciones en todas las áreas.

Un día viajaba por el Highway 95 de Miami. A mi derecha tenía Brickell, un barrio hermoso y moderno de la ciudad. A la izquierda veía los hermosos canales que muchas veces vimos en series de televisión como *Miami Vice*. Conducía un Porsche Cabriolet, un descapotable extraordinario, el sueño dorado de cualquier mortal. Todo era perfecto hasta que una voz interrumpió mi engañosa calma. Las palabras fueron pronunciadas por mi asistente que iba en el asiento del copiloto.

"Jürgen, tú tienes mente pobre", me dijo de la nada.

Me quedé de una sola pieza. No podía creer lo que acababa de escuchar. Yo tenía un Porsche perfecto, vivía en una casa de 1.2 millones de dólares, tenía una carrera exitosa, viajaba por todo el mundo disfrutando de los mejores paisajes, las más maravillosas estadías… ¿y mi asistente se permitía decirme que tengo mente pobre?

¿Desde cuándo los pájaros le tiran a las escopetas? —pensé—. Esta mujer vive con una compañera de cuarto, le pago 1 600 dólares al mes y siempre me está pidiendo dinero, y me viene a decir que el mente pobre soy yo.

Entonces le pregunté a qué se refería y me respondió:

"Yo no sé explicarte bien, acabo de leer un libro y te veo en cada página".

"Muy letrada pero pobre, la señorita", pensé molesto.

Al día siguiente llegó con *Los secretos de la mente millonaria*, de T. Harv Eker. El autor es un ejemplo de superación, proviene de una familia inmigrante que llegó a Estados Unidos con menos de 100 dólares en el bolsillo, se dedicó a trabajar y a construir su fortuna con sus propios medios. Es un libro maravilloso, poderoso, un *bestseller* traducido a más de treinta idiomas. Leí el libro en un suspiro.

Eker menciona que muchos piensan que para alcanzar la prosperidad es necesario tener un gran conocimiento sobre estrategias de negocios y manejo financiero. Pero es totalmente falso, pues en realidad tu éxito financiero no depende tanto de ese conocimiento sino de tus patrones de pensamiento inconscientes. De hecho, todos tenemos estructuras de pensamiento grabadas de manera permanente y profunda en nuestra mente, que son como nuestro disco duro.

El contexto familiar en el cual nos educamos condiciona definitivamente cómo nos relacionamos con el dinero. Desde las conversaciones sobre dinero que escuchamos en nuestra familia hasta la manera en la que tu papás se ganaban la vida, y cuándo se la ganaban.

Cuando pregunto a los que participan en mis seminarios por qué manejan el dinero de la forma como lo hacen, la mayoría de las veces me responden: "porque eso hacía mi mamá", "porque eso es lo que hacía mi papá". Son formas que se transmiten de generación en generación.

Nuestra relación con el dinero se determina a través de múltiples generaciones. Miren por ejemplo qué impresionante es esto que me contó un amigo. Este amigo ganaba buena plata, y sin embargo siempre estaba bastante endeudado. Le sugerí que investigara la historia de su familia en relación con el dinero. Entonces descubrió que su abuelo era alcohólico y a causa de su vicio se había endeudado seriamente. Al abuelo le gustaba ir todos los días a la taberna y como era de carácter generoso, invitaba a tomar a los amigos con la plata que no tenía. A casa del papá de mi amigo llegaban los cobradores y a veces se llevaban cosas para recuperar su dinero. Pero el vicio de endeudarse no era solamente del abuelo. La hermana del abuelo padecía de lo mismo, hasta el punto de haber sido detenida y llegar a pasar algunos años en la cárcel a causa de ello. Mi amigo se dio cuenta de que estaba reproduciendo los mismos patrones, pese a que nunca tuvo la oportunidad de conocer a su abuelo.

La conexión con el dinero está plasmada hasta por varias generaciones anteriores a la nuestra. Escribe Eker que el dinero es como un termostato que regula la temperatura. Si la temperatura es baja, entonces, baja será también la calidad de la conexión que tenemos con el dinero. Debido a esto, aunque potencialmente podrías convertirte en un millonario, si tu termostato está regulado para bajas temperaturas no vas a atraer sino bajas sumas de dinero. Por eso,

para tener una conexión permanente con el dinero, tienes que transformar la estructura profunda de tu pensamiento.

Esta idea me marcó por completo.

Leyendo a T. Harv Eker no solamente entendí que yo había adquirido de manera inconsciente una mente pobre, sino también que para atraer y experimentar la abundancia en mi vida necesariamente debía transformar mis pensamientos.

La buena noticia es que esta transformación es posible y podemos romper con los patrones que hemos heredado de nuestros ancestros y que repetimos inconscientemente.

Y la mejor manera de lograrlo es estudiar y adoptar el pensamiento de las mentes millonarias. Por eso un día fui a la oficina y le anuncié a mi equipo: "Señores y señoras, tenemos que investigar cómo matar la mente pobre de Jürgen Klarić".

La mente pobre tiene miedo y desconfía del dinero.

Si le regalas plata a una mente pobre, ella quiere deshacerse del dinero, y por eso lo consume lo más rápido posible, comprando cosas inútiles.

La mente pobre solo sabe cómo consumir y gastar, no está programada para ahorrar e invertir.

Le gusta lo que compra pero no lo que significa, cuando en realidad es al contrario: las cosas valen por su significado, no por su precio.

En realidad, hay personas tan mente pobre que cuando les das dinero empiezan a cuestionarse: "¿En serio me lo regalaste?, ¿es mío?, ¿me lo llevo?". Son gente que aunque de momento se ven felices con los *Benjamins*, en realidad su cerebro está todo el tiempo saboteando la adquisición de los mismos porque les temen. Es como si se prendiera un mensaje de alerta en su mente, con una estructura de pensamiento débil sobre el dinero. Y en serio que sé bien de lo que te hablo, porque esa era mi forma de pensar en aquella época en que le vendí mi casa al futbolista y me volví millonario de la noche a la mañana.

Por qué será que hay muchos a los que apenas les entra algo de dinero y experimentan una necesidad enorme de cambiar su televisor de 50 pulgadas por uno de 55. Y luego, cuando vuelve a llegar plata a sus manos, ya quieren el de 60 pulgadas. Para cuando por fin han logrado llevarse a casa el de 65, se dan cuenta de que ya es tan grande el dispositivo y la distancia con su sofá tan pequeña, que esa es la razón de que estén sufriendo tan fuertes dolores de cabeza.

Hay una cosa cierta: nunca he conocido alguien a quien una pantalla de 50 pulgadas lo hiciera feliz pasado un año, a veces ni siquiera tres meses después. Por ahí recomiendan comprar para ser abundante, pero

la abundancia no está en tener cosas sino en la felicidad que puedes crear a tu paso.

El poder del dinero no está en lo que puede comprar sino en su capacidad de transformar vidas. En vez de entender eso, hacemos muchas estupideces con el dinero. Sobran las personas que cuando les llegan recursos se los gastan en carros, zapatos, ropa o pendejadas varias. Pocas son las que lo invierten y son conscientes de que si tienen 3 mil dólares pueden hacer algo inteligente para convertirlo en 6 mil, en lugar de gastarlos en un televisor LCD.

Y el problema no es que a alguien le encante ver a los jugadores de su selección en una pantalla de 65 pulgadas, el problema es que se gaste sus únicos 3 mil dólares en eso, o peor aún que se endeude para comprar eso. Cómprate la pantalla gigante cuando tengas 300 mil dólares. Yo no tengo una pantalla de 65 pulgadas, ni un Rolex, ni un carro. ¿Tú para que los quieres? Seguramente no los necesitas y lo que pasa es que estás dejando que la mentalidad pobre sabotee tu camino, como en algún momento me pasó a mí.

¿No me crees? Mira estos ejemplos, en que es súper evidente cómo una mente pobre puede echar a perder las ganancias extraordinarias que obtienen de manera repentina con la lotería. Se trata de personas que se vuelven ricas de la noche a la mañana, pero que a causa de su mente pobre no están preparadas para recibir tanta plata. Lo que parece el mejor día de su vida, muy pronto se convierte en una pesadilla.

De hecho, ¿sabías que en Estados Unidos casi una tercera parte de los ganadores de la lotería terminan por declararse en bancarrota? Ganar la lotería, más que ser una bendición, muchas veces se convierte en una verdadera maldición. Te presento varios casos impresionantes:

William Post III ganó 16.2 millones de dólares, pero después de tres meses experimentó crimen, bancarrota y malas decisiones. Compró un restaurante y un avión. Terminó teniendo muy pronto más de 500 millones en deudas.

Evelyn Marie Adams ganó dos veces la lotería, un total de 5.4 millones de dólares. Siguió jugando en los casinos de Atlantic City, en Nueva Jersey, y terminó gastándose todo.

Billie Bob Harrell Jr. ganó 13 millones. Se puso a comprar carros y casas para su familia y hasta 500 pavos para los pobres. Se suicidó al cabo de dos años de haber ganado la lotería.

Gloria Mackenzie, una mujer de Florida, presentó una demanda contra su hijo Scott. Antes de ganar la lotería, Gloria vivía en un modesto dúplex alquilado. Cuando cobró el premio con un valor de 590 millones de dólares, le entregó la ganancia a su hijo para que la invirtiera. Pero las inversiones terminaron mal y perdió gran parte del dinero. Gloria y su entorno tenían mente pobre, y de lo rica que repentinamente se había vuelto, al final volvió a ser pobre.

Entonces, insisto, el problema no es el dinero. ¿Alguna vez se ha visto que un billete mate a alguien? ¿Se sabe algún caso de una moneda que golpee a su esposa? ¿O que viole a una chica? ¡Jamás! El verdadero problema del dinero es la relación que la gente tiene con él. ¿Te has preguntado qué extraño es que nadie nos hable de este tema?, ¿qué raro que nadie nos diga nada al respecto y que si nos enseñan a hacer dinero, nunca nos enseñan a quererlo?

Volviendo al ejemplo de la lotería: ¿Cuántos de nosotros vamos a ganar 90 mil dólares mensuales durante el próximo año? ¿Durante los próximos años? Vamos a suponer que no te ganas la lotería. Que solo tienes en total 50 mil dólares, que son muy buenos. Pero como no sabes lidiar con el dinero, como no estás conectado con él, muy pronto esos 50 mil dólares también se van a hacer polvo.

Esto es tan real que hasta el mismo gobierno lo sabe. Mira qué curioso. En Estados Unidos la lotería se usa para beneficencia, en muchos otros países también. Lo que se recauda es para ayudar a la gente: se abren colegios, se construyen caminos, se utiliza para labor social. Por eso resulta curioso que, tratándose de una institución dedicada al bien de la gente, llegaron a la conclusión de que las personas que se ganan la lotería terminan mal. Solo para darte una idea del problema:

51% de quienes se ganan la lotería acaban deprimidos, estresados, divorciados, criminales, drogadictos, muy afectados psicológicamente. Conclusión: ganarse la lotería no es necesariamente el mejor negocio del mundo; incluso puede voltearse en tu contra.

Y como en Estados Unidos el gobierno no quiere problemas, si en este momento te ganas la lotería, antes de entregarte el cheque te hacen firmar un papel donde te declaras responsable de las posibles consecucnoias que puedan surgir por usar el dinero que obtuviste. "¿Quieres tu chequecito de 10 millones de dólares?

Perfecto, pero primero me firmas aquí para que luego no vengas a culparme por haberte destruido la vida".

Es lo qué pasó con Jane Parker, una chica inglesa que a los 17 años ganó el concurso Euromillones y se llevó un millón y medio de euros. Entre sexo, fiestas, coches, joyas y excesos, la joven se dio una vida aparentemente soñada para cualquiera. Cuatro años después, Jane confesó en diferentes entrevistas que se sentía vacía: "Tengo cosas materiales, pero aparte de ello, ¿cuál es el propósito de mi vida?".

Su desesperación llegó a tal punto que Parker incluso sugirió la posibilidad de demandar a los organizadores de Euromillones, porque consideraba que una vida sin dinero hubiera sido más fácil. Ella alegaba que no podía encontrar pareja estable porque todos la buscaban solo por sus posesiones. Tampoco había podido disfrutar de su juventud y perdió amistades debido a que pensaban que ella debía darles dinero solo por ser parte de su círculo social.

Eso le pasa a quienes terminan teniendo mucho dinero pero siguen con mente pobre. Es un desastre. Por eso aclaro:

El dinero es simplemente un potenciador. Si era mala persona, te hace una peor persona. Y si eres buena, puede volverte una maravilla.

Creencias de la mente pobre

Yo decidí nunca más ponerme un reloj, sobre todo un reloj de lujo. Hagan ustedes el ejercicio, vayan y pregúntenle qué hora es a alguien que tenga un Rolex. Esa persona va a sacar su celular y les va a decir con mucha amabilidad: "Son las 6:35". Cuando le pregunten por qué, teniendo uno de los mejores relojes del mundo, usa el teléfono para consultar la hora, quizá se vea obligada a reconocer que es más precisa la hora del celular.

Reloj, carros, casas y yates de lujo no son los productos de una mente rica. Todo lo contrario: la mayoría de las veces son el resultado de una mente pobre. De hecho,

los bienes de lujo no tienen una utilidad en sí mismos. Son básicamente la declaración de un estado.

Quien tiene bienes de lujo es porque quiere establecer su posición social en relación con los demás.

En su afán de sentirse más,

la mente pobre confunde ser rico con tener una cantidad excesiva de bienes de lujo.

Al fin y al cabo esas posesiones sirven para expresar dominación sobre otra persona. Demuestran que uno está concentrado en sí mismo y que el significado de la vida deriva de sus bienes materiales.

La verdad es que conforme una persona aumenta su nivel de conciencia, también cambia su relación con el dinero.

Transforma su relación con el dinero de una manera más consciente. En lugar de gastar para acumular bienes y lujos, lo invierte para un propósito superior de su vida, para aportar a la sociedad, para transformar al mundo. De eso escribo más adelante, pero me parece importante afirmarlo desde ahora, porque leyendo este libro quiero que en cada página te quede clara la diferencia entre mente pobre y mente rica.

Tengo un amigo que es un empresario muy exitoso. Es una persona que ha logrado un éxito financiero y empresarial extraordinario, es alguien a quien estimo mucho. Los dos nos conocimos hace más o menos una década; aunque ambos éramos exitosos, vivíamos con mente pobre. Mi amigo también convertía el éxito financiero en una acumulación de lujos como casas, carros, motos, viajes en avión privado. Hasta que un día se dio cuenta de que todo el lujo a su alrededor no le estaba dando la felicidad. Por lo contrario, se sentía vacío.

La lectura de varios libros, además de la conversación con algunas personas que lo conocían, lo llevaron a cambiar de mentalidad. Decidió de manera bastante radical renunciar a esos lujos que parecían parte esencial de su vida. Su decisión tuvo un impacto en todas las áreas de su existencia, porque también cambió sus relaciones sociales, la forma de comer, de relacionarse, de hacer negocios. Se volvió un gran ejemplo. Ahora invierte su dinero en construir oportunidades y espacios transformadores. Este amigo cambió de mentalidad y fue así como también transformó su conciencia.

Algo muy similar sucedió conmigo. Cuando me volví consciente de lo que realmente significaban los bienes de lujo, dejé de tenerlos. Nunca más volví a usar relojes finos. Vendí todos los Rolex y se acabó. Y el único reloj que para mí tenía un sentimiento muy especial, un Panerai famoso –hasta tengo un video explicando la historia de ese maldito reloj de 12 mil dólares, que tardé seis meses en pagar porque no tenía un clavo y, claro, por eso tenía que mostrarlo–, se lo regalé a Alex, mi hijo. Él ni lo usa pero ese reloj es un símbolo de lo que uno no debe hacer con el dinero. En esa época yo no tenía dinero para invertir, pero tenía un reloj de 12 mil dólares en mi muñeca. Eso era mente pobre. Así que cambié mi Panerai, con toda la historia a su alrededor, por dos banditas que reflejan mejor quién soy y que no sirven para presumirle nada a nadie porque cada una cuesta tres dólares.

Si a partir de lo que ves en mí tú te preguntas "¿es Jürgen realmente millonario?" (una de las preguntas que escucho con más frecuencia), estás con un enfoque totalmente equivocado. El mente rica no tiene por qué mostrar, sino dar. Lo que verdaderamente puede cambiar tu vida es entender que el dinero no es para comprar mansiones, helicópteros, fiestas, lujos, joyas, un Mercedes Benz, un BMW, un Porsche, un Rolex u otras estupideces. Ese pensamiento forma parte de la mente pobre que no te deja progresar y que va vaciando poco a poco tus reservas. Por eso, a medida que fui matando mi mente pobre, mi bolsillo fue creciendo. Yo sé que tal vez estés leyendo este libro porque tu meta es trabajar para comprarte un carro. No hay peor negocio que ese y voy a explicarte por qué.

El mente pobre prefiere comprar un auto antes que invertir. Nos dedicamos como locos a trabajar para comprarnos un auto. Ahí está el primer error, porque si tienes mucho dinero y te compras un carro es diferente, pero quien trabaja para comprarse un carro está jodido: esa es la típica mente pobre. Además, sin importar cómo se adquiera un automóvil, este no solo va a ser una fuente más de emisiones contaminantes, sino que también va a meternos en los tráficos más impresionantes de las ciudades modernas y, lo que es peor, va quitarnos tiempo valioso.

Cómprate un auto ahora mismo y en dos años te va a dejar de gustar, ya va a haber mejores modelos, te vas a aburrir, vas a gastar más dinero y vas a seguir aumentando tu huella de carbono y afectando al planeta. Además de esto, piensa que no vas a tener la posibilidad de aprovechar tu tiempo para relacionarte y vender. En serio, cada que te subes a un Uber, Cabify o Lift tienes la posibilidad de que te salga gratis el viaje. ¿Cómo? Es muy simple: mientras viajas en el asiento de atrás, hay otra herramienta que puede convertirse en tu mayor aliado para hacer negocios: Whatsapp. ¡Bendita aplicación! En el tiempo del trayecto haz negocios, alimenta tus relaciones.

Todo el tiempo que gastarías manejando, puedes invertirlo en atender tus redes de sociales, hacer contactos y vender. También lo puedes utilizar para formarte más, para escuchar un audiolibro o para meditar. Así que en vez de pasarte viendo chicas o tipos guapos en Instagram, preocúpate por generar conocimiento, aprender cosas, relacionarte mejor, ganar dinero y vender. Cuando lo hagas, será una señal de que estás dejando atrás la mente pobre.

"Recuerda siempre que tu propia resolución de **triunfar** es más importante que cualquier otra cosa".
—Abraham Lincoln

Yo te puedo regalar en este momento 10 mil dólares. Pero si no tienes capacidad de retener el dinero, el dinero se va a ir de ti. Entonces no es un tema de cuánto te puedo regalar. En vez de eso, mejor conéctate con el dinero. Y así, aunque te dé solo mil dólares, tú los vas a convertir en 20 mil.

¿Cuántos de nosotros hemos tenido dinero en el pasado y se nos fue? Luego toda la gente nos dice que somos malos inversionistas, que tomamos malas decisiones. Y puede que sea cierto, pero te voy a contar algo.
Tú sabes que tengo una bebé de dos años, se llama Isabella y la amo con todo mi corazón. Por eso mismo no se la presto a cualquiera, y mucho menos se la regalaría a nadie. Si tú llegas conmigo y me dices: "Oye, préstame a tu bebé", te diría: "Espérate, es mi bebé". Si tú amas a tu bebé, lo cuidas, no le andas dando el bebé a todo el mundo. El dinero es igual. Pero curiosamente los mente pobre hacen eso con el dinero. Llega cualquier pariente y te pide prestados 200 dólares y te promete pagarte pronto. Aunque sabes que no te va a devolver ni un quinto, terminas prestándoselos. Y adiós dinero.

Cuando amas a tu bebé, lo cuidas, lo ayudas a que crezca sano y cada vez más fuerte. Cuando ves un billetito de 100 dólares y lo amas y lo quieres, lo cuidas lo resguardas lo miras lo doblas lo pones ahí todo. Pero cuando no lo amas, dejas que te lo arrebaten, lo descuidas lo pierdes, no crece. Y eso es lo que nos ha pasado al 80% de las personas que no aprendimos a conectarnos con el dinero.

Si tú no amas al dinero,
simplemente él no te amará.
Así de sencillo. Por eso todo este juego de conectarse con el dinero empieza por amar el dinero. Cuando tú empiezas a amar al dinero, tomas decisiones mucho más inteligentes.

¿Eres de los que piensan que hacer dinero es difícil? Felicidades, para ti va a ser bien difícil hacerlo.

Yo llevo años diciéndolo: señores, nunca he visto tanta oportunidad para hacer dinero como ahora. No es cuento, y quisiera que reflexionaras un momento sobre eso, pero si piensas: "Sí, claro. Es fácil para ti decirlo porque tú eres Jürgen Klarić", entonces tienes mente pobre. Porque estás creyendo que lo que es verdad para mí no lo es para ti. Y eso es una mentira.

El problema de las mentiras es que si las repites muchas veces se convierten en verdades. Somos quienes somos y tenemos lo que tenemos solo por cómo pensamos y lo que creemos. Si crees que no puedes, si crees que el resto de las personas son más privilegiadas que tú, que todos los demás tienen oportunidades que tú no tienes, entonces te vas a quedar paralizado de miedo y no vas a hacer nada.

Pero cuando cambias tu forma de pensar, cambian tus resultados.

Porque cuando cambias tu forma de pensar, cambias la forma de hacer las cosas. Encuentras otras maneras de ver las cosas, encuentras las soluciones que tú mismo te habías cerrado. Entonces vas a lograr cosas increíbles.

Ahora bien, para ayudarte a descubrir cuáles son las características de una mente pobre, te voy a mostrar cuáles son las creencias limitantes más comunes. Si las lees atentamente podrás identificar cuáles son tus rasgos de mente pobre.

Las creencias limitantes son todos esos pensamientos e ideas que nos han metido en la cabeza y que hemos terminado por asumir, aunque sean falsos. Para empezar, hablemos de la idea de que el dinero tiene el poder de corrompernos, de que es una fuente de discordia, causa de infelicidad familiar y de perversión.

Así nos enseñaron a verlo nuestros padres y nuestros abuelos. Las creencias limitantes suelen ser heredadas de nuestra cultura y nos llegan tanto por genética cultural como por los dichos de nuestra familia, de nuestros maestros y amigos. Estas creencias aprisionan a nuestro cerebro, lo tienen en un encierro mental en el que el dinero no encuentra la manera de entrar.

#1 Creencia limitante:
El dinero es la raíz del mal

Quizás has oído pronunciar esta frase a tus papás, al cura o al pastor de la Iglesia, a tus amigos o gente cercana a ti. Una vez escuché a un amigo que trabajaba para una organización no gubernamental sentirse mal porque le parecía injusto recibir una paga para hacer un trabajo humanitario. Hacer trabajo humanitario es algo noble, pero este amigo creía que recibir un sueldo por hacerlo era malo. Y esto ocurría porque le daba al dinero un significado negativo y lo ligaba con el mal.

La mayoría de las veces esta creencia es transmitida por valores religiosos.

La Iglesia católica tiene una responsabilidad muy grande en este sentido. A quienes fuimos criados como católicos, nos lavaron el cerebro haciéndonos creer que el dinero es del diablo. Sin embargo, la Iglesia es muy pero muy rica. Si no, ¿con qué construyeron la Basílica de San Pedro?

Alguna vez, un cliente me pidió ayuda para erradicar su mente pobre porque tenía una pésima relación con el dinero. Le pedí que escribiera una carta al dinero, revelando todos sus sentimientos y experiencias alrededor de este. Aquí transcribo una parte de la carta

Querido dinero, estaba en primaria y un cura católico, a quien estimaba, venía dos veces a la semana a enseñarnos catecismo, los principios de la religión católica. Me gustaba su método porque nos mostraba películas y presentaciones. Recuerdo una serie de diapositivas que muy probablemente era sobre los siete pecados capitales. Una de las lecciones fue sobre ti y la maldición de ser rico. La presentación mostraba la vida de un hombre rico. Recuerdo una en particular. Era el dibujo de una habitación vacía y sombría, con mucho de ti sobre la mesa, mientras que desde la ventana, en las tinieblas de la noche, algunos hombres vestidos de negro llevaban el cofre con el cadáver de un hombre rico muerto. El comentario del sacerdote fue que no tiene sentido ser rico y poseerte, porque cuando morimos dejamos todo atrás. Esta es una creencia que creo que está profundamente sembrada en mi inconsciente. Tú no eres una bendición; eres una maldición. Y por eso te he venido odiando y rechazando.

Si crees que el dinero es fuente del mal, entonces en lugar de atraerlo a tu vida, lo vas rechazando. Si esta creencia está atrapada en algún lugar de tu subconsciente, esa es la razón por la que no tienes dinero, y también aclara por qué, cuando lo tienes, encuentras la forma de deshacerte de él rápidamente, consumiendo y gastándolo en cosas innecesarias.

Mucha gente asume que las personas con dinero son ambiciosas, aprovechadas, soberbias, ególatras. Esto tiene que ver con diversos factores que terminan por alejarnos de decir: "A mí me encantan los millonarios" o "Yo admiro a los millonarios".

Dime cuántas veces has estado en esta situación: Se te estaciona un tipo al lado, con BMW convertible M8 de 140 mil dólares, un tipo moreno que viste casual. Y entonces te preguntas: "¿Y este imbécil de dónde sacó el carro?". Una reacción muy común en nuestros países, ¿verdad?; pero no en Estados Unidos. Allí llega un negro con un Ferrari y los que están al lado se preguntan: "¿Qué jugador de basquetbol será ese? De seguro ha de ser muy bueno".

Para este libro estudié a trescientos millonarios, felices e infelices. Uno de ellos es un amigo mío, jugador de futbol, de la selección mexicana, que al igual que muchos otros viene de una familia de escasos recursos. Lo que descubrí es que a él, y a casi todos las personas que hacen fortuna a pesar de que provienen de un estrato social bajo, cada vez que visitan a su familia les piden dinero. Todo mundo: sus papás, el tío, la sobrina, el cuñado. Si les presta, es un héroe, el mejor del mundo. Pero si no lo hace, es un desgraciado, un mal hijo, una persona horrible. Entonces hay un momento en que ellos deciden dejar de ver a la familia, porque descubren que solo los quieren por su dinero. Terminan diciendo: "Carajo, hubiera preferido ser pobre para que no me jodan tanto en la familia".

Por eso hay gente que cuando empieza a hacer mucho dinero mejor se queda calladita y nunca dice nada, porque está muriéndose de miedo de que los demás se enteren, pues saben bien que eso va a afectar su vida.

Ahora imagina esto. Estás comiendo en tu restaurante favorito y llega el dueño de un banco, el que tú quieras. Come apurado, se va rápido y no deja propina. Y piensas: "Ese tipo es malo, ni siquiera le dejó un centavo a la pobre mesera". Efectivamente, puede ser que ese tipo sea un desgraciado. También puede suceder que esa persona venía de regalarle a un colegio un millón de dólares, y eso es algo que no viste. Pero como has tenido la mala suerte de conocer a dos o tres tipos prepotentes con dinero, entonces crees que así son todos los millonarios.

Ahora, no te estoy diciendo que todos los millonarios sean buenos. Lo que quiero que entiendas es que su forma de ser no tiene nada que ver con el dinero.

He visto pobres y millonarios que son unos desgraciados, como también he visto personas maravillosas de ambos lados.

En esta tierra hay de todo y no es por el dinero, ya que este solo es un potencializador de nuestras actitudes y por eso debemos prepararnos para recibirlo.

#2 Creencia limitante:

El dinero no es importante, porque finalmente solo se trata de eso: dinero

Esta es una creencia que demuestra poco respeto al dinero. Alguien que encarna esta premisa desprecia al dinero y no lo vuelve prioridad en su vida. Lo descuida todo el tiempo y nunca aprende cómo tener una relación bonita con él, cómo cuidarlo y multiplicarlo. ¿Qué pasa con una mujer cuando la haces sentir que no es importante?, ¿que ella no es tu prioridad? Poco a poco va a lejándose de ti, y finalmente termina por dejarte. Algo muy similar pasa con el dinero.

Lo curioso es que quienes piensan así, al mismo tiempo gastan por lo menos un tercio de su vida trabajando para ganar un sueldo. De hecho, es propio de una mente pobre trabajar para vivir, y, sobre todo, trabajar para otros. Como dice Robert T. Kiyosaki: "Las dificultades financieras se deben muchas veces al hecho de que uno trabaja toda la vida bajo la sombra de alguien".

#3 Creencia limitante:

El dinero se hizo para ser gastado

Si esta es una idea instalada en tu mente, entonces en el momento en que te llega el dinero procuras gastarlo, de tal manera que se pierde, se va, desaparece.

Comportamientos como vivir más allá de tus medios, generar deudas, comprar cosas inútiles reflejan la creencia de que el dinero es para ser gastado, incluso el dinero que ni siquiera tienes.

#4 Creencia limitante:

"Los ricos se hacen más ricos, y los pobre más pobres"

Quienes articulan esta creencia miran con envidia a los ricos y no se reconocen en ellos. Por el contrario, quienes creen en eso se definen como pobres. Son fatalistas, porque creen que ser rico o pobre depende de sus condiciones originarias. "Tienes que nacer rico para ser rico", dicen quienes cultivan este pensamiento. Además, no toman ninguna responsabilidad por su situación y, en general, pretenden que otros (el Estado, los ricos, los papás) les resuelvan sus problemas.

#5 Creencia limitante

"Yo no soy bueno con el dinero"

Lo que este comentario demuestra es el miedo y el escepticismo que sienten hacia el dinero. Lo rechazan profundamente y se niegan a conocerlo, a amarlo, y por ende a atraerlo. Quienes tienen esta creencia prefieren no tomar la responsabilidad por su condición de vida. Decir: "Yo no soy bueno con el dinero" no es más que una excusa, y las excusas no son más que puras mentiras. ¡Hay mucho fatalismo y mucha pereza mental en estas creencias!

Este es un punto fundamental.

Cuando uno tiene mente pobre lo primero que hace es llenarse de excusas:

me jodieron, me divorcié, mis papás no me pudieron pagar los estudios, no tengo esto o lo otro. La excusa más típica es "yo no pude estudiar entonces yo tengo derecho a ser mente pobre, y pobre de verdad".

Toda la vida nos enseñaron que si no estudiábamos íbamos a vivir en la miseria. Porque, según esto, para ser alguien en la vida y tener dinero teníamos que estudiar y trabajar duro.

A Bill Gates, Amancio Ortega, Michael Dell, Mark Zuckerberg, Steve Jobs y Richard Branson los corrieron de la universidad por vagos y nunca obtuvieron un título. Deja de decir que no eres rico porque careces de estudios, porque no tienes maestría o doctorado; tampoco te quejes porque no tuviste apoyo de tu familia, eso es pura mierda. Yo tuve la suerte de que me pagaran una carrera, pero, la verdad, no usé ese conocimiento para nada. ¿Realmente crees que mi éxito, mucho o poco, se debe a la universidad que me pagaron mis papás?

#6 Creencia limitante

Esta es una justificación que he escuchado pronunciar a quienes participan en mis seminarios: "Mi familia nunca ha sido rica"

Personas con esta creencia limitante consideran que su futuro va a ser igual que su pasado. No creen en la posibilidad del cambio, de la transformación. No ven las oportunidades porque no las buscan. Viven de manera pasiva y están convencidos de que ellos no pueden controlar su riqueza. No son conscientes de que son los autores y creadores de su propia vida, incluso de su propia fortuna. Por eso no toman ninguna responsabilidad por su existencia. Le echan la culpa a su familia por sus problemas. No tienen ambiciones. Viven rendidos. Se sienten víctimas y hasta mártires de la vida.

"No estudié, no tengo buena educación, no sé hablar, nací en una familia pobre, vengo de la montaña, crecí en la selva". **Te puedes meter todas las excusas del mundo, pero te voy a decir una cosa: tú puedes venir de la casa más pobre del mundo, del pueblo más pobre del mundo, pero si estás conectado con el dinero, te vas hacer millonario.**

¿Cuántos casos hay de gente rica que empezó de cero?

Te voy a contar dos, pero si investigas te vas a encontrar montones. Jack Ma es el hombre más rico de China. Hoy en día su fortuna está valuada en 36 mil millones de dólares, y eso lo consiguió gracias a que fue uno de los primeros en incursionar en el comercio electrónico, al crear Alibaba Group, con un modelo parecido al que Amazon desarrolló en Estados Unidos.

Jack Ma nació en una familia pobre, de niño fue guía de turistas en Hangzhou, su ciudad natal, porque sabía hablar inglés y así pudo conocer a personas de otros países. De hecho, su nombre Jack se lo puso un turista que no podía pronunciar su nombre en chino.

Cuando Jack Ma se graduó de una universidad local, empezó a buscar trabajo, pero no conseguía nada. Lo rechazaron de todos, hasta de la cadena de comida rápida KFC. Para ganar algo de dinero, daba clases de inglés en una universidad. Le pagaban 12 dólares al mes. Total, no daba una.

Sin embargo, en una ocasión en que visitó los Estados Unidos se dio cuenta de que en internet no se vendía ninguna cerveza china, tampoco otros productos chinos, y vio una oportunidad para empezar a comercializar productos de su país por este medio.

Cuando fundó Alibaba ni él ni sus colaboradores tenían dinero, tampoco ninguno provenía de familia rica. Casi veinte años después, Alibaba es la segunda plataforma de comercio electrónico más grande del mundo.

En el mundo hay gente pobre con mente rica, y ricos con mente pobre.

Mira qué importante es entrar en contacto con extranjeros. La mirada de otra cultura tiene el poder de provocarnos ideas realmente distintas de hacer las cosas. Así surgió Best Day, la primera empresa turística mexicana con presencia en nueve países de Latinoamérica. Cuando Fernando García Zalvidea, ingeniero químico graduado de una universidad pública, se mudó a Cancún, comenzó a dar clases de buceo a los turistas. Y un día, uno de esos turistas le pidió que le recomendara a alguien que pudiera llevarlo a un tour que no fuera el típico tour para turistas.

Al día siguiente, el mismo Fernando García se encargó de llevar al grupo de turistas a un tour tan memorable que ellos le dijeron que había sido "el best day" de sus vacaciones. Entonces fue cuando se decidió a que haría muchos *best days*, y fundó una empresa millonaria.

Te conté la historia de Jack Ma y de García Zalvidea porque realmente

quiero que con este libro comprendas que no importan tus orígenes, no importa si tienes un título universitario, si no vienes de una familia de abolengo, si no tienes un gran capital, solo importa que estés conectado con el dinero.

Te lo digo desde ahora porque es parte del proceso: para lograrlo primero tienes que cambiar lo de adentro, transformar tu mente. Cuando lo hagas, vas a poder tener todo lo que quieras.

#7 Creencia limitante:

Pensar que el dinero es un recurso limitado.

Creen esto quienes viven en un estado de escasez continúo. Están tan convencidos de que el dinero es limitado que concluyen que a ellos nunca les va a llegar. No comprenden que

la vida es abundancia y que todos podemos acceder a ella, dependiendo de nuestra mente.

Estas personas son responsables de su misma desgracia. No se dan cuenta de que cada uno de nosotros hemos sido bendecidos.

#8 Creencia limitante:

Para tener dinero y ser ricos, hay que trabajar duro, demasiado duro

Yo mismo tenía inculcada esa creencia en mi absurda mente pobre. Por eso cuando vendí mi casa y me convertí en millonario de la noche a la mañana, me sentí un fraude. No había trabajado duro para ganarme aquel dinero, pensaba. Me sentía mal conmigo mismo. Me veía sucio. Dentro de mí se encontraban muchos sentimientos de culpa. Esta es otra creencia limitante muy poderosa.

#9 Creencia limitante:

"Sé es rico o feliz"

Dicho de otra manera significa que el dinero no puede comprar la felicidad. Nada más falso y dañino que esa estúpida creencia. Quienes piensan eso consideran que la felicidad y la riqueza no se llevan. Y no contentos con esto, agregan un factor condicional: la felicidad es igual a pobreza, por ende, la riqueza solo trae infelicidad y maldiciones.

Sin embargo, estudios científicos demuestran que quienes tienen dinero y son ricos, viven mucho más felices que los pobres. Pero para poder tener esta experiencia uno tiene que destruir la creencia que hace ver como incompatibles la felicidad y la riqueza.

#10 Creencia limitante:

También todos los latinoamericanos y el resto del mundo hemos escuchado la idea de que uno, o hace dinero, o hace lo que más ama. Esta creencia, otra gran tontería. De hecho, si miras a tu alrededor, en el mundo pasa exactamente lo contrario. Los millonarios se hacen ricos para dedicar su vida a lo que más aman en la vida. Nuevamente, piensa en un Richard Branson, un Elon Musk, un Mark Zuckerberg, y muchos otros como ellos.

#11 Creencia limitante:

Es egoísta querer mucho dinero. Esta postura revela una mentalidad que hasta niega la autoestima de una persona. Quienes creen esto no se valoran y no se dignifican, porque no le dan el valor adecuado a lo que hacen y no consideran que eso crea valor y beneficio para los demás. Despreciando el dinero, lo que logran en realidad es depreciarse a ellos mismos.

#12 Creencia limitante:

Finalmente, la última creencia limitante es una que genera mucha controversia:

Ser millonario me aleja de Dios

¿Por qué nos han hecho creer que para estar cerca de Dios debes ser pobre?

La Iglesia todo el tiempo nos dice que debemos ser humildes. Y humilde en nuestra cultura se entiende como pobre, es una palabra para referirse a alguien que sufre privaciones. Y es una confusión porque algo dentro de ti se resiste a serlo. Luego escuchas a tu papá que te dice: "Qué triste la realidad de la familia de la muchacha que nos ayuda en casa, son muy humildes, no tienen ni qué comer". Después, al día siguiente, te dice: "Deja de ser soberbio, sé humilde". No se entiende nada, y así nos educan todos los días.

Por eso el término *humilde* es peligrosísimo en la educación de los hijos; mejor digámosles "sé sencillo", "sé humano". Humilde suena a pobreza, no es algo que debamos traer metido en la cabeza todo el día.
A fuerza de tanto repetírnoslo, realmente creemos que cuando seamos millonarios nos vamos a alejar de Dios. Eso es una gran falacia porque regularmente la gente que se va volviendo millonaria empieza a buscar más espiritualidad.

¿A qué me refiero con espiritualidad?

La verdad es que cada quien tiene el derecho de volverse espiritual como quiera, siempre y cuando busque ser una persona más plena y próspera. Muchos lo consiguen abrazando árboles, cuidando perritos, ayudando a gente pobre, haciendo yoga, meditando. Si tú quieres ir a misa, ve a misa, pero ve con el propósito de acercarte a algo superior, lo llames o no lo llames Dios.

Lo lamentable es que regularmente creemos que en la medida en que nos vamos haciendo millonarios, nos vamos alejando de ese ser superior. Pero si lo piensas, en realidad es todo lo contrario. Entre más rico eres, más cosas puedes hacer. Por ejemplo, si tienes 10 mil dólares y quieres dedicarlos a buenas acciones, puedes decir: "Vamos a ayudar a gente pobre y a dar de comer a los más necesitados. Para los ancianos, vamos a hacer asilos". ¿De verdad eso va a alejarte de Dios?

Con esas buenas acciones yo creo que el dinero, contrario a lo que nos hacen creer, te acerca completamente a Dios. Pero no lo hagas yendo a donarle al padrecito, porque ese sale corriendo con tu dinero y con la chica de la esquina. En vez de eso, agarras tu dinero y dices: "voy a crear una fundación auténtica y real para salvar perritos", "Voy a comprarles ropa o comida a los ancianos del asilo de mi colonia". Puedes hacer lo que te dé la gana, lo importante es hacer algo.

Ya sé que solo puedo hablar por mí, pero te voy a decir algo:

cuanto más dinero tengo, más me acerco a Dios, porque me doy cuenta de que mi dinero sirve para acercarme a los seres humanos, para acercarme al universo, a la bondad, para ayudar a gente que ni siquiera conozco. Es aprender a dar sin pedir nada a cambio.

Yo creo que te acercas a Dios en el momento en que tu dinero no es para ti sino para gente que no conoces, y cuando lo das sin esperar nada a cambio. En ese momento eres una persona que ha empezado a conectarse con el dinero y lo más increíble es que cuanto más das, te lo juro, simplemente más llega.

Ahora, ¡ojo!, escucha esta historia, es algo real. Una vez, luego de una conferencia, me bajé del escenario y un señor me ofrece un billete de 100 dólares. El tipo se veía de escasos recursos y me dice: "Gracias, señor Klarić, usted me ha cambiado la vida", luego me entrega los 100 dólares. Yo le digo: "¿Y esto qué?", y él me contesta: "Yo sé que usted sabe quién lo necesita. Por favor, déselo a alguien que necesite este dinerito". Le pregunté si estaba hablando en serio. "Sí, por favor, hágaselo llegar". Yo seguía sin creerlo, así que le pregunté de nuevo: "¿Usted me permite darle este dinero a quien yo crea que lo necesite?". "Así es, señor Klarić". Entonces agarré el dinero, lo sostuve en mis manos un momento y se lo devolví. "Tome, señor. Creo que en este momento usted lo necesita más que nadie".

Porque es algo típico del mente pobre. No tienes ni qué comer y andas regalando dinero. Y te digo esto porque no se trata de salir corriendo a dar todo lo que tienes, porque entonces te vas a quedar en la miseria, más jodido que antes. Además, recuerda una cosa: cuando uno no tiene dinero, no tiene por qué dar dinero. Puedes dar amor y ofrecer tu tiempo, ayudar de otra manera.

Ya cuando tengas una fortuna, entonces sí, das tu amor, das tu tiempo y das tu dinero. Pero no des dinero si no lo tienes, porque la mejor forma de ayudar económicamente a los demás es ayudándote tú primero.

Cuando seas rico y próspero de verdad, puedes soltar de golpe, no 100 dólares, sino mil o 5 mil o lo que tú quieras.

Las que acabo de mencionar son las principales creencias limitantes que impiden una conexión próspera con el dinero y por eso terminan por ser los ingredientes principales de una mente pobre.

Otras creencias son:

- El dinero no crece en los árboles.

- El dinero es sucio.

- Soy pobre pero honrado.

- El dinero sale más rápido de lo que entra.

- Es difícil mantener el dinero.

- Solo las personas que hacen trampa tienen dinero.

- Los ricos son codiciosos y deshonestos.

- El dinero no es espiritual.

- Es pecado tener un montón de dinero.

- Las personas espirituales no deberían ser ricas.

- Necesito mucho dinero antes de poder hacer dinero.

- Ser millonario es solo para algunos.

Además, hay creencias que tienen que ver con la propia autoestima. Vale la pena aquí mencionar varias:

- No merezco ser millonario.

- No tengo habilidades para hacer dinero.

- No soy lo suficientemente bueno para hacer dinero.

- No me lo puedo permitir.

- Soy un perdedor.

- Nunca seré millonario.

También hay creencias limitantes que tienen relación con nuestros valores:

- No puedo ser feliz si me vuelvo millonario.

- La vida es una lucha.

- Solo los ilusos pueden pensar en volverse ricos, pero yo soy un realista.

- Raramente los sueños se vuelven realidad.

- Siempre seré pobre.

- No nací con el derecho de ser rico.

- Entre más dinero tenga más problemas voy a tener.

- Yo no abandonaré a mi familia por ser rico.

Al revisar todas estas creencias, es evidente que el factor común es no valorarse a sí mismo.

Estos pensamientos absurdos y limitantes niegan la dignidad propia. De hecho, lo grave y triste de tener mente pobre no es que termines material y espiritualmente sin recursos, sino que te niegas a ti mismo.

El desprecio de una mente pobre hacia el dinero es el mismo que siente uno hacia sí mismo.

No creer en el poder que tenemos de manejar mucho dinero en nuestra vida, es no creer en las capacidades propias. No nacimos para ser condenados a la infelicidad y al sufrimiento.

No hay nada noble en el sufrimiento, por lo contrario, nacimos para la felicidad.

Somos seres divinos, pero si quedamos atrapados en una mente pobre, nos jodimos.

CAPÍTULO TRES

¿De dónde viene nuestro miedo al dinero?

Conectarse con el dinero pareciera ser algo muy fácil. Pero en realidad es un tema tremendamente complicado, en especial para los países latinoamericanos, ya que han sido particularmente ultrajados. El problema de no poder conectarse con el dinero tiene sus raíces en ese constructo nocivo del pensamiento que nos hace tenerle miedo a la riqueza, y que procede de la época en que fuimos colonizados por los españoles. Es un peso tan grande y profundo que se ha investigado mucho para poder comprenderlo totalmente.

Vayamos al 12 de octubre de 1492, cuando Cristóbal Colón llegó con sus tres barcos, *La Niña, La Pinta* y *La Santamaría*. Todos estaban tripulados por hombres que no eran precisamente la mejor muestra de la sociedad española. Llegaron por error a nuestras tierras, porque su destino real era encontrar una mejor ruta para llegar a las Indias y solo hasta 1507 se dieron cuenta de que habían descubierto un nuevo continente, que fue nombrado en honor a un cosmógrafo florentino al que se le atribuyen méritos en el "descubrimiento" del nuevo mundo: Américo Vespucio.

Lo verdad es que el continente ya había sido descubierto mucho tiempo atrás, pues se cree que la presencia humana había llegado a este lado del planeta 14 mil años antes que los españoles. Aquí habitaban grandes pueblos indígenas, como los Mayas, los Aztecas y los Incas, con culturas muy desarrolladas en aspectos como la agricultura y el comercio.

Los españoles que llegaron con Colón, de quien se cree que murió sin saber que había encontrado un nuevo continente, y los que fueron arribando después, empezaron el proceso de colonización del nuevo territorio en nombre de la corona española, al igual que lo harían después otras potencias europeas de la época, como Portugal, Inglaterra, Holanda y Francia. Desde ese momento empezó un desastre en el que morirían miles y miles de indígenas a manos de los conquistadores, quienes estuvieron dispuestos a aplicar contra los nativos las más crueles formas de tortura para quedarse con sus riquezas. El oro y la plata, que para las comunidades ancestrales habían sido un elemento para conectarse con sus divinidades y con su campo espiritual, se convirtieron en un botín al que todos querían acceder para llevarlo a Europa.

Durante los trescientos años que duró el proceso de colonización, dejó grabado un mensaje muy fuerte que perdura hasta nuestros tiempos: dinero es igual a desgracia. Esa premisa, que parece tan simple, es una construcción compleja que históricamente implicó muchas cosas. Y sin embargo, debemos entender que en la actualidad estamos en otra realidad

y ese legado de miedo a la riqueza debe ser transformado para buscar mejores realidades y oportunidades que nos permitan conectarnos con el dinero, con la abundancia y la prosperidad.

Hay un libro extraordinario que explica a la perfección por qué el colonialismo y la forma en la que se desarrolló en cada territorio es una causa de pobreza en las diferentes regiones del mundo donde hubo un tercero explotando sus recursos y a su gente. Ese libro se titula *Por qué fracasan los países. Los orígenes del poder, la prosperidad y la pobreza,* y fue escrito por Daron Acemoglu, un profesor de Economía del Massachusetts Institute of Technology, y James A. Robinson, politólogo, economista y profesor en la Universidad de Harvard.

El texto empieza con un ejemplo clarísimo: la ciudad de Nogales. Es un territorio que tiene antepasados comunes, las condiciones naturales son iguales, comparten costumbres, pero están separados por una frontera y, curiosamente, en uno de los lados las personas tienen una calidad de vida muy superior a la de los otros. Basta cruzar la frontera para observar abundancia y prosperidad en un lado, pero pobreza y desigualdad en el otro. El lado rico pertenece a Estados Unidos, y el lado pobre, a México.

Los investigadores se hacen una pregunta clave y empiezan a desarrollar una respuesta relacionada con lo que quiero tratar en este capítulo: ¿Por qué las instituciones de Estados Unidos son más exitosas en lo económico que las de México y las del resto de América Latina?

La respuesta a esta pregunta se encuentra en cómo se formaron las distintas sociedades en el inicio del período colonial. En aquel momento, se produjo una divergencia institucional cuyas implicaciones todavía perduran. En adelante los autores se dedican a explicar el modelo de los conquistadores como Juan Díaz de Solís, en lo que hoy es Argentina, y Hernán Cortés, en México, quienes sumieron a los indígenas presentes en el territorio a condiciones de tortura, dolor y miseria con el fin de extraerles toda la riqueza que tenían.

Con este abuso que ejercían los españoles sobre los que eran los dueños reales de la tierra, cualquiera empieza a ver la riqueza como una maldición. Cuando llega un hombre con una pistola y te dice: "Si no me das el oro te mato, o violo a tu hija, a tu esposa o a tu madre y también las mato", lo más lógico es que ese material que antes era un bien preciado y que te servía además como un elemento para conectarte con la espiritualidad, pasa a convertirse en una desgracia, en algo que entregar o esconder porque si no van a acabar con los tuyos y con todo lo que quieres.

Y es que los conquistadores no se contentaban solo con extraer los materiales preciosos sino que también tenían una fascinación horripilante por la tortura y las violaciones a lo que hoy conocemos como derechos humanos. Tanto miedo le tenían a ese concepto que, por ejemplo, cuando Antonio Nariño, un mestizo colombiano, tradujo la proclamación que habían hecho los franceses en su revolución sobre los derechos, los españoles lo metieron durante años en la cárcel.

Los conqyuistadores atacaron todo el sistema de la prosperidad y abundancia: familia, salud, amigos, tiempo, espiritualidad, sabiduría, energía, entre otros, con el único objetivo de obtener el dinero a partir de someter y vulnerar al otro. "Entonces, se dispararon cada una de las armas... Reinaba el miedo. Era como si todo el mundo se hubiera tragado el corazón", así describió Bernardino de Sahagún, religioso franciscano del siglo XVI, el modelo de colonización española en América.

Ese proceso partía por tomar secuestrado al líder de cada tribu para pedirle a sus súbditos no solo los metales preciosos sino también comida, tributos y esclavitud mientras, además, los iban convirtiendo a todos a la religión católica, que también es otra de esas instituciones que influyen en el miedo al dinero, pues de entrada te dicen que un rico no podrá entrar al reino de los cielos, no obstante que esa Iglesia haya sido durante siglos una de las instituciones más ricas del mundo.

Es así como el legado de la colonización se manifiesta en dos vertientes distintas: por un lado, la que se produjo por coacción en los indígenas cuando veían que la riqueza era sinónimo de desgracia; por otro, la de los españoles, que no entendían que el dinero forma parte de un sistema más grande que debe ser orientado hacia la prosperidad y la abundancia.

Empecemos por la primera raíz de este problema con un fragmento de un escrito de Bartolomé de las Casas, fraile dominico de la época de la colonia y defensor de los indígenas, citado por Acemoglu y Robinson en su texto, en el que describe la tortura a la que eran sometidos los nativos: "Danle el tormento del tracto de cuerda, echábanle sebo ardiendo en la barriga, pónenle a cada pie una herradura hincada en un palo, y el pescuezo atado a otro palo, y dos hombres que le tenían las manos; y así le pegaban fuego a los pies; y entraba el tirano de rato en rato, y le decía que así lo había de matar poco a poco a tormentos si no le daba el oro".

Esas siete líneas son suficientes para entender por qué para nuestros ancestros indígenas el dinero y la riqueza eran igual a desgracia.

Ese era un temor racional producto de las barbaridades que cometían con ellos por quitarles sus riquezas, su historia y sus tradiciones.

Probablemente allí haya nacido la frase: "Prefiero ser pobre pero feliz".

Los colonos estaban dispuestos a hacer literalmente lo que fuera a cambio de obtener los materiales preciosos la comida y a implantar sus costumbres en los nativos.

Por eso sus amenazas quedaron plasmadas en la historia de América Latina de otra manera: "Riqueza es igual a muerte y violación".

Los nativos que se negaban a obedecer a los conquistadores eran castigados con una muerte horrible para que los demás no se atrevieran a rebelarse. "Cuando los capturados no satisfacían las demandas españolas, eran quemados vivos. Los grandes tesoros artísticos de Cuzco, como el templo del Sol, fueron despojados de su oro para ser fundido en lingotes", describen los autores en el primer capítulo de *Por qué fracasan los países....*

Imagínate eso, cientos de años de preparación, de aprender a manipular el oro, a conservarlo, de usarlo para una creencia espiritual que los conectaba con sus dioses haciendo espectaculares obras artísticas, para que acabaran destruidas por el simple capricho de hacer lingotes para llevarlos a Europa. Cuando los indígenas vieron eso, por supuesto que aprendieron a relacionar la riqueza con la desgracia.

Hay también otra explicación a nuestro miedo al dinero, relacionada con los conquistadores. Antes, las comunidades indígenas utilizaban el trueque como la manera de dinamizar las actividades económicas y comerciales. Se hacían intercambios de mercancías en el que si alguien necesitaba, por ejemplo, un pavo, pues obtenía este alimento intercambiándolo por otro producto como el maíz o el cacao. Esta forma de comercializar quedó totalmente prohibida para los nativos con la llegada de los conquistadores, quienes los obligaron a utilizar el dinero para realizar todas las transacciones comerciales. Además de abolir la costumbre ancestral de como ellos comerciaban, esta decisión creó resistencia hacia las monedas, pues eran otra de las muchísimas imposiciones que habían traído esas personas a las que ellos veían, y con razón, como torturadores y violadores.

¿Tú tendrías amor por el sistema que te impone una persona que te pega todos los días? Ese es el origen de nuestra resistencia hacia el uso del papel moneda y a expresar un verdadero amor real por el dinero.

El objetivo de los españoles era, además, que de ese intercambio de mercancías a través del dinero se produjera un tributo al reino con cada compra. Entonces te quitaban todo lo que tenías, incluso con tortura o matando a personas que querías, después te obligaban a dejar de hacer trueque y a usar una moneda impuesta y extraña a tus costumbres, para que luego pudieran quitarte una parte de cada compra que hacías.

Fue, en definitiva, un sistema macabro que sentó las bases para que hasta la fecha se siga equiparando al dinero y la riqueza como causantes de desgracia.

Por eso sería un hermoso reconocimiento y homenaje histórico para nuestros antepasados que lográramos dejar atrás esas mentes pobres que nos han tenido hundidos lejos de la abundancia.

Y eso me da pie para explicar la otra vertiente de este problema, y es que ese constructo de pensamiento que nos aleja de conectarnos con el dinero corresponde también a la mente pobre de los españoles y conquistadores de aquella época. ¿Eran los españoles que vinieron a América ricos en salud? ¿En familia? ¿En amigos? ¿En dar sin recibir nada a cambio? No lo creo. Y sin esos elementos no es posible tener una mente rica.

En la colonia, la propiedad privada estaba permitida para los españoles, pero era prácticamente un delito para los pueblos indígenas. Ese sistema señorial moldeó la mentalidad tanto de los encomenderos-conquistadores como de los encomendados-indígenas. Y dio lugar a un sistema completamente jerarquizado que aún se ve hoy en el lenguaje popular del campo: piensa en palabras como *don* o *patrón*, que son representaciones culturales de lo que significa la autoridad.

EL RICO AUTORITARIO

Durante la Colonia, el Estado se concentró en controlar a los pueblos indígenas mediante la mita y el repartimiento, sistemas de trabajo que imperaban entre los incas y los aztecas y que se usaban para construir obras públicas, como templos, acueductos y caminos. La mita era obligatoria para los varones de todos los pueblos, quienes recibían una retribución por su trabajo. Pero en la Colonia, la mita se convirtió en un tributo obligatorio para todos los indígenas, y se reclutaba a los varones para destinarlos a las minas. Los mitayos recibían un mísero salario por parte de los mineros; así se garantizaba la fuerza de trabajo minera a un costo bajo. A cambio de la fuerza de trabajo y de los tributos que recibía el encomendero, este tenía la obligación de catequizar a las personas que le habían sido encomendadas.

En ninguno de estos tipos de sociedad había igualdad de oportunidades ni un sistema legal imparcial. En América Latina, el Estado fue una herramienta de discriminación contra la mayor parte del pueblo.

Con la Independencia no se produjo ningún cambio en este tipo de relaciones; todo lo contrario, creció el poder político de los criollos, haciendo que el espíritu de dominación continuara por encima del campesino, que entraba a formar parte de una hacienda mediante el préstamo de una parcela otorgada por el patrón, sin que hubiera una remuneración económica ni un contrato de por medio. Así, la mentalidad del campesino se moldeó para generar una dependencia hacia el jefe y que, en vez de independizarse, buscara la protección, el favor y la seguridad del poderoso.

En pocas palabras,

durante siglos nos han programado para alejarnos del dinero y tenerle pavor.

Investiga la historia de tu país, investiga la historia de la conquista, y te vas a dar cuenta de que todo lo que se relaciona con riqueza o dinero viene acompañado de violación, muerte y traición. La forma en la que los españoles se apoderaron de las tierras de nuestros antepasados nos dejó un legado de dolor, sangre y muerte, además de una terrible mente pobre que hemos adquirido de generación en generación.

El fenómeno de la colonización en América Latina es la raíz de ese mal interior que nos impide conectarnos con el dinero.

Quiero aclarar que no estoy diciendo que nuestros indígenas hayan sido mentes pobres: por el contrario, ellos estaban en perfecto contacto con la riqueza natural y sus beneficios, pero fueron obligados a dejar todo a un lado por medio de la violencia terrible, en la que por supuesto estaban en desventaja. No es lo mismo pelear en una guerra cuando tienes un arma que se activa con pólvora que usar una flecha, palos o rocas. Y si a eso también sumamos que los españoles trajeron consigo un gran catálogo de enfermedades como viruela, tifus, fiebre amarilla y sífilis, que nuestros nativos no conocían ni sabían cómo tratar, pues tenemos condiciones muy desiguales.

Esas desigualdades aún se mantienen en América Latina y se nutren de otras actitudes como el machismo, la homofobia y el racismo, que también son asuntos muy coloniales, antiguos y estúpidos que perduran hasta nuestros días.

Para vivir un proceso real de emancipación y dejar de lado el fenómeno de la colonización, tenemos que dar ese último paso que todavía nos falta, a pesar de que muchas de las naciones latinoamericanas llevan más de doscientos años como territorios independientes.

Ese paso es trabajar el aspecto mental. Ya no tenemos a un español que nos esté apuntando todo el día o que amenace con violar a nuestras mujeres. Ahora solo nos queda ese miedo que heredamos del colonialismo y que es necesario vencer.

Somos una de las culturas más golpeadas del mundo, y no es nada raro que en este contexto más de 78% de los latinos le tengan miedo al dinero y, aunque en otras culturas las personas no son tan esquivas a la consecución de la riqueza, el 50% de la población mundial le tiene pavor al dinero, aunque digan que les encanta.

En conclusión, no es casualidad que nuestro continente sea tan pobre. Estamos tan afectados por esos constructos de pensamiento tan erróneos con respecto a la riqueza que no hemos podido avanzar. Es necesario empezar una terapia individual y colectiva que nos permita volver a conectarnos con el dinero e ir en búsqueda de la prosperidad y la abundancia.

Porque tener una mente rica no solo implica amar al dinero, sino respetarlo.

Para lograr eso hay que ser conscientes, durante todo el proceso, del bien o el mal que le estamos haciendo al mundo.

La riqueza llega cuando potenciamos lo que somos y por eso debemos prepararnos para recibirla.

EL GEN DE LA POBREZA

Otra de las causas de donde proviene tu miedo al dinero se relaciona con tu propia carga genética. Existe un estudio realizado en la Universidad de Minnesota que tardó 11 años en completarse. Durante ese tiempo se investigó a más de cien gemelos con el objetivo de comprender cuánto de nuestra personalidad puede atribuirse a la genética y cuánto al entorno social. La conclusión fue que a pesar de las diferencias ambientales, en más de 70% de los casos son las similitudes y las características genéticas las que determinan nuestra personalidad.

Incluso en los casos donde los gemelos crecieron en entornos diferentes, sin contacto entre ellos, la influencia genética hizo que ambos tuvieran las mismas actitudes y preferencias en temas como decisiones electorales, preferencias sexuales, satisfacción laboral, gustos musicales, pasatiempos, consumo de café, tabaco y alcohol, insomnio, entre muchísimas otras similitudes.

Te digo esto porque ya existe un consenso de que la genética define gran parte de nuestro comportamiento.

Pero no me refiero solo a la genética que se va heredando de padres a hijos, sino a lo que se llama *genética cultural* o *coevolución genético-cultural*. Básicamente se trata de que la cultura y la sociedad también alteran nuestra composición genética, y estos cambios van pasando de siglo en siglo, de generación en generación, hasta terminar integrándose a nuestro propio código.

Es muy fácil, piensa en la leche. Nuestros antepasados no tomaban leche, era solo para los niños. Pero un día comenzaron los adultos a consumir productos lácteos y con el tiempo el hombre adquirió la capacidad para digerirlos. Y ahora muchas personas podemos tomar leche sin importar que hayamos pasado la edad de la lactancia. Eso es genética cultural. Esa es la capacidad del entorno para ir modificándonos poco a poco.

Lo que quiero decir es que los países latinoamericanos (especialmente Perú, México, Ecuador y Bolivia) son naciones doblemente afectadas por nuestra propia genética. Nuestra sangre mestiza viene con una codificación de mente pobre mucho más acelerada que la de un argentino o de un chileno.

Son muy pocas las culturas en el mundo que aman el dinero. Y mucho tiene que ver la religión; por ejemplo, la religión católica nos ha enseñado toda la vida que los millonarios son malos. ¿Por qué dijeron eso? Porque es una forma excelente para que la gente done el dinero para seguir fondeando el crecimiento de la Iglesia. "Yo no quiero ser rico y vivir en pecado, yo no quiero irme al infierno", mejor me deshago de la poca plata que tengo, se la doy a la Iglesia y listo, problema resuelto, aunque luego no tenga ni para comer.

Es muy buen *marketing* el que se hace en las iglesias. Yo te diría: ¿Quieres aprender de *marketing*? Aprende cómo mercadean la Iglesia y las religiones. Son unos genios, hacen un gran negocio. ¿Y qué hacen con las donaciones que les damos? Si realmente estuvieran muy preocupados en cambiar el mundo, ¿por qué no venden la basílica de San Pedro a Jeff Bezos o a cualquier otro de los grandes millonarios del mundo que pudieran pagar tres billones de dólares? Con esos tres billones de dólares se le salva la vida a miles y miles de niños que se están muriendo de hambre. Pero no, hay que tener el palacio, sacarle provecho, exprimirlo y lucrar con él. Todo se volvió negocio.

Pregúntale a un judío si el dinero compra vidas y él te responderá que sí, por supuesto que las compra. Así fue como salvó a su abuelita, a su tía, a sus primos y a su esposa. Lamentablemente, porque se le acabó el dinero, tuvo que sacrificar a su tío.

Hay un clásico del cine, ganador de muchos Oscares, que se titula *La lista de Schindler*. Es una película que demuestra cómo los judíos entendieron el valor del dinero y tristemente a ellos sí les tocó pagar por la vida de sus parientes para que no les hicieran daño. El protagonista, un empresario alemán, llora porque, por no regalar una pieza de oro de su traje, no logra salvar a cuatro judíos, cuando con su dinero ya había protegido la vida de miles.

El dinero sí puede servir para proteger a los demás y es una enseñanza hermosa. En vez de gastar 12 horas en la historia de Luis Miguel o *La casa de papel*, podríamos estar atendiendo verdaderas clases magistrales como la producción de Steven Spielberg que se basó en una historia de la vida real que se dio durante el holocausto nazi.

De hecho, los judíos llevan dos mil años salvando su vida gracias al dinero, por eso la mayoría de ellos forjan grandes fortunas. No porque sean más inteligentes que los latinoamericanos, es simplemente porque están más conectados con el dinero, porque para ellos tiene un significado totalmente diferente que para nosotros. Para ellos, el dinero compra vidas.

Y cuando tú entiendes que el dinero hace esto, cuando comprendes la magnitud de su importancia, entonces ya te dan ganas de tener un poquito. El problema es que decirlo es fácil, pero creerlo y hacerlo es sumamente difícil.

Considera esto: en cualquier hospital al que vayas es probable que encuentres a un niño muriéndose porque no tiene 1 500 dólares para el tratamiento, para sus análisis, para su operación contra el cáncer. ¿Te gustaría ir en este momento y darle esos 1 500 dólares, el equivalente a un buen par de zapatos, y salvarle la vida? La cuestión es: ¿Cuántos de nosotros hemos intentado comprar una vida o salvar una vida con 800, 1 000, 1 500 dólares? Esa es la pregunta que debemos hacernos, porque es ahí donde el dinero ya no es tan malo como nos lo pintaron.

Volviendo al tema, yo creo en Dios. Absolutamente, sin ninguna duda. Pero no creo en las religiones. ¿Por qué no creo en las religiones? Como mercadólogo te lo digo: ellos saben hacer *marketing* como nadie, son los mejores del mundo. Pero hay que tener cuidado con el mensaje. Mi sugerencia al respecto es muy clara: no te creas todo lo que te diga la Iglesia, ni todo lo que te diga yo. Investiga y analiza las cosas, toma tus propias decisiones, el mejor maestro que tienes eres tú mismo. Y reflexiona con cuidado si realmente el dinero es tan malo como la religión nos ha hecho creer.

Por último, nuestra mente no solo ha sido afectada por el bagaje histórico, la Colonia o la Iglesia. Hay otro factor determinante: la forma en la que vimos a muchos ricos hacer su dinero. Podría afirmar que desde hace menos de veinte años es cuando realmente empezamos a ver a muchos millonarios que hicieron su dinero de forma honesta. En otros tiempos, cuando yo tenía 12, 13 o 15 años era normal ver a los llamados "nuevos ricos", cuyo dinero era producto de la corrupción política, el contrabando o el narcotráfico. Lo afirmo porque viví esa realidad e incluso varios de esos millonarios hacían deporte conmigo. Como antes eran tantos los deshonestos y tan pocos los que elegían la honestidad, tenemos la creencia de que los millonarios son malos y son resultado de los diversos tipos de corrupción.

Hoy creer eso es una estupidez, además de una verdadera falta de respeto a la gente que ha hecho cosas increíbles en los últimos años para superar su estado de pobreza y de mente pobre en América Latina. La realidad es distinta y los países latinoamericanos son un caldo de cultivo que ofrece infinitas posibilidades para convertirse en millonario de forma honesta y constructiva. Por eso, aparte de la respiración holotrópica, las terapias y el cambio de actitud, es necesario que empieces un estudio juicioso de lo que significa tener una mente pobre, y es ahí cuando libros como el de Acemoglu y Robinson nos permiten entender de manera global el problema. Aun así, el proceso para cambiar la mente pobre no es algo que se logre de la noche a la mañana.

A mí me tomó 13 años conectarme con el dinero, y el objetivo de este libro es que a ti te tome mucho menos.

Descubre si tienes una mente pobre

Te voy a proponer un cuestionario muy sencillo: debes responderlo con lo que te diga tu inconsciente. Para ello, es necesario que dejes salir tu voz; no pongas la palabras que consideras convenientes, eso está absolutamente prohibido. Contesta con honestidad sin pensar demasiado en la respuesta.

Completa las siguientes líneas con lo primero que te dicte tu voz interior.

Los millonarios son _____

_____

Ser millonario es _____

_____

El dinero es _____

_____

Prefiero ser pobre pero _____

_____

El que se hace millonario de
la noche a la mañana es _____

_____

¿Qué palabras pusiste? ¿Te diste cuenta del poder que tu familia, tus amigos, la sociedad misma ha plantado en ti? Todas esas estupideces que nos metieron en la cabeza salen a flote con estos ejercicios tan simples.

Yo, cuando hacía este ejercicio, con mi mente pobre respondía que los millonarios eran una mierda, que ser millonario era un problema, que el dinero es una porquería. También respondí que prefería ser pobre pero honrado, que la mayoría de los millonarios eran malos, porque conocía a uno y era un hijo de puta; que el que se hace millonario de la noche a la mañana era un corrupto o un narco.

Por una sola persona con dinero que tuvo malas actitudes conmigo, yo decía que todos eran un montón de ratas. Generalizar siempre es un grave error que debemos evitar. No creía que el dinero comprara la felicidad, aunque sí que ayudaba en muchas cosas. Y por supuesto, estaba convencido de que el dinero no compraba amor.

Un día me pregunté: ¿Por qué tengo yo tanta mierda en la cabeza? ¿Cómo es posible que a un chico de mente rica lo vuelvan mente pobre durante su adolescencia?

Mi familia era experta en cultivar mentes pobres, a pesar de que de nacimiento éramos mente rica. Decidí empezar a investigar cómo se construye el pensamiento de una mente que no está preparada para recibir el dinero y encontré que se fundamenta en cinco puntos.

En mi caso, el primero fue mi papá. Esa figura paterna es, en muchas ocasiones, la que te enseña a contactarte de manera positiva o negativa con el dinero.

Si tu papá es de esas personas que te dice que los millonarios son malos y que es imposible serlo sin ser deshonesto, el día en que seas una persona exitosa vas a sentir que has hecho algo mal. Así me sentí yo cuando tuve mi primer millón de dólares en mi cuenta de ahorros. Me sentía deshonesto porque mi papá me decía que hacer dinero rápido seguro implicaba algo sucio. Eso me hacía sentir que había jodido al jugador de futbol al que le vendí mi casa, e incluso llegué a pensar en llamarle y devolverle el dinero.

Por otra parte, mi mamá siempre me contaba historias de mis tíos peleando por dinero y cerraba las historias diciendo que el dinero era una porquería. Yo no me acordaba de eso hasta que profundicé en mi inconsciente. Fue en un ejercicio de meditación y respiración holotrópica donde cierras los ojos durante tres minutos y controlas conscientemente el aire que entra a tu cuerpo. Empiezas a entrar en lo profundo de tu subconsciente para recordar todo lo que decían tus padres, tus amigos y la sociedad en general.

Se necesita otra persona en el ejercicio que te esté preguntando constantemente: ¿Qué te decía tu papá sobre el dinero? ¿Qué te decía tu mamá del dinero? ¿Qué te decían tus abuelos acerca del dinero? ¿Qué te decían o qué pasaba cuando había dinero en tu círculo de amigos? ¿Qué decía la sociedad con respecto al dinero? ¿Qué te decía tu religión?

Y entonces empiezas a ver todas esas estupideces aprendidas que pasan por tu mente a una velocidad increíble, anotas todo eso en un papel y empiezas a hacer terapia para matar a tu mente pobre. Porque es importante investigar, prepararse, tener disciplina y pasión para curarte de esa fobia absurda que te aleja del éxito.

Todos nosotros tenemos muchas cosas que debemos repensar, recodificar, mejorar y quitar creencias sin sentido que nos impiden progresar. ¿Te dijeron que el dinero no compra felicidad? Entonces ve a comprar felicidad todas las semanas o todos los días con tu dinero, sin tirarlo ni malgastarlo.

¿Te hicieron creer que el dinero trae problemas? Entonces mejor compra soluciones. Por ejemplo, un día dice tu mamá: "Ay, mi amor, tu hermanita chocó el carro y no tenemos un clavo para arreglarlo". Lo mandas a arreglar y problema solucionado.

El dinero es para invertir y ahorrar de forma inteligente, no es para tirarlo. Si tenías un papá que siempre repetía que el dinero era malo, seguro también creía que no lo merecías. "Ay, papi, por favor cómprame unos tenis que los míos están muy viejos", a lo que él respondía: "Tú no te mereces unos tenis nuevos, tú no te mereces que te dé dinero".

Te hicieron creer toda la vida que tú no te mereces dinero, y hoy, muchos o pocos años después, eso sigue en tu mente. Sigues creyendo que tú no te mereces ser millonario y por eso te conformas con lo que tienes. Si crece tu autoestima crecerá tu bolsillo.

Vamos a realizar otro ejercicio. Para hacerlo, solo necesitarás tu celular. La premisa es muy simple: sujétalo en tu mano, acerca el dispositivo a tu boca y dale un beso.

¿Listo?

Si lo has hecho, acabas de besar el artefacto más antihigiénico y lleno de bacterias que existe. ¿Sabes cuántos gérmenes y suciedad hay en la pantalla del móvil?

Pero qué pasa si te digo que saques un billete de 100 dólares, ¿lo besarías?

Seguramente no, a pesar de que está tres veces más limpio que ese celular al que muchas personas no solo le dan besos, sino que mantienen a su lado todo el día.

¿Sabes cuál es la razón? De nuevo: la educación, las creencias y lo que nos han dicho sobre el dinero. Desde pequeños nos alejan de los billetes, "fuchi, fuchi dinero, ve a lavarte las manos", decían nuestros papás. Sin embargo, a nadie le dicen hoy en día "fuchi, fuchi teléfono, lávate la oreja".

Por ejemplo, un día llegué a mi casa con el dinero que me habían pagado de una consultoría. Billetes de 100 dólares con uno de mis retratos favoritos: el rostro de Benjamin Franklin. El dinero sobre la mesa le llamó la atención a Isabella, mi angelito de año y medio, que agarró los billetes. Cuando escuché a la persona que la estaba cuidando decirle: "fuchi, fuchi dinero", me descompuse y le dije que eso no se dice en mi casa, y menos a mi bebé. Al final la entendí, yo también en su momento les decía lo mismo a mis primeros hijos. En cambio, ahora le digo a mi hija: "Mi amor ven, ¿quieres jugar con los *Benjamins*?", y ella encantada se pone a jugar conmigo y yo se los tiro como si estuvieran cayendo del cielo.

En redes sociales pueden comprobar que es verdad. Allí está Isabella jugando con billetes de 100 dólares, con el tío *Benjamin* que es el favorito de la casa. Mi bebé ama los dólares, y de eso se trata, porque si ella desde pequeña ama el dinero, no por lo que puede comprar con él sino en sí mismo, crecerá con mente rica y la riqueza le va a llegar.

Y que no le gusten los billetes de 20, como cuando yo era pequeño, que le gusten los de 100. Incluso un día me hice una camiseta con uno de esos lindos billetes que llevan el rostro de Benjamin Franklin. En el elevador la gente me miraba incrédula y me preguntaba si era un billete de verdad. ¡Claro que era de verdad! En la parte de abajo decía: "Cortar en caso de emergencia", para poder sacarlo y usarlo. Si voy por la calle y veo a una viejita muy afectada vendiendo cualquier cosa, pues simplemente me saco la camiseta y se la doy.

Es una de las cosas que más me gustan, un lindo billete nuevo de 100, no me gustan para nada los de un dólar ni las monedas. A mí lo que me gusta son los *Benjamins*. Quizá te parezca extraña esta preferencia, pero antes de juzgarla, pregúntate una cosa: ¿Cuándo el dinero te hizo daño a ti o a tus seres queridos?

Nunca, ¿verdad? Porque lo que hace daño es nuestra relación con el dinero. Aquí te pongo un ejemplo: mi exesposa tenía la familia más admirable del mundo en Guadalajara, México. Era una familia hermosa, de película, donde todos se querían. Hasta que se murió el abuelo, un hombre muy adinerado, y dejó un terreno que costaba 5 millones de dólares. Imagínate lo que pasó entre las dos familias cuando unos quisieron vender el terreno y otros no. Hoy en día, para mi familia el dinero es igual a peleas y molestias. Perdí la mitad de mi familia.

Estas historias se repiten una y otra vez. Entonces la gente acaba diciendo: ¿Para qué esa mierda? Mejor pobrecitos pero bien contentos.

Eso no existe.

Lo que fue triste es que si ellos hubieran tenido una visión de prosperidad y no de riqueza, nunca hubiera pasado eso. Porque la gente próspera no se pelea por dinero, quienes tienen una mentalidad próspera saben bien que hay algo más allá. Pero cuando la mente pobre entra en juego, esas son las consecuencias.

Mi familia siempre fue de clase media. Por algún asunto que todavía no entiendo, mi papá hizo un par de negocios usando todos sus ahorros y apareció con un millón de dólares en la casa. Entonces decidió, con ese dinero que llegó tan rápido, hacer un hipódromo en Cochabamba, Bolivia. Uno no tiene que ser experto para decirle: "Papá vas a quebrar", pero él estaba decidido, metió el dinero junto con un par de socios. El hipódromo quebró y tuvo que hipotecar la casa, que era de mi mamá. Al final la perdimos, junto con los ahorros destinados a nuestros estudios. Luego de escuchar esto, puedes entender que en una familia tan feliz, los únicos momentos de infelicidad que recuerdo son de cuando mi papá se hizo millonario. En ese instante se terminó mi familia, empezaron los problemas, se desintegraron nuestra vidas: el dinero acabó con todo.

Entonces esas son cosas que marcan la vida y las debemos identificar.

¿Te acuerdas del cuestionario que respondiste al principio de este capítulo? Estamos en una cultura donde es muy raro que le aplaudan a un millonario. Todo lo contrario, es muy común decir cosas como:

"Ese desgraciado seguramente se robó algo o se chingó a alguien". No tenemos mente rica y por eso no los glorificamos ni aplaudimos. Nos la pasamos todo el tiempo diciendo que son malas personas y que preferimos ser pobres, no como ellos.

Por eso es tan importante renunciar a las excusas y aceptar que si no tienes dinero hay un único culpable: TÚ.

Porque si no eres millonario es porque no sabes serlo y punto, así de sencillo, no se puede buscar por otro lado.

El día en que te preocupes por ser mente rica, el dinero va a empezar a llegar por todos lados y te vas a dar cuenta de que lo más importantes es ser próspero, ser millonario en todo.

Y te digo una cosa: ser millonario en dinero no es difícil. El reto es ser millonario de corazón.

Eso es lo más lindo de todo, más maravilloso que el mismo dinero.

Enseña, comparte, admira, sé siempre positivo. La mente rica vive más, se enferma menos y tiene más amigos. Aprende a pensar como un millonario, desarrolla una mente rica. Con eso lo demás llega solo.

Hábitos de millonario

Un hábito es una conducta que repetimos regularmente, algo que hacemos todos los días, incluso varias veces al día. Lo repetimos y repetimos y termina por formar parte de nosotros mismos. ¿Recuerdas que te dije que somos lo que pensamos?

Incluso existe la teoría de que tardamos entre 21 y 66 días para formar un hábito, pero en la práctica no es así. ¿A cuántas personas conoces que llevan meses yendo al gimnasio, ya construyeron el hábito, ya ven mejoría en su salud y en su cuerpo, y de un día para otro dejan de ir?

Entonces los hábitos requieren perseverancia, disciplina e interés en seguirlos practicando. Si quieres cambiar tu mente pobre, lo mejor será que te hagas a la idea de que los hábitos que estoy a punto de compartirte deben ser practicados con esos principios. Sería muy triste que después de que empieces a ver los primeros resultados, de que tu vida comience a cambiar, los abandones solo porque perdiste el interés y se te empezaron a olvidar. Porque así pasa: dejas de hacerlo un día, luego otro, y cuando te das cuenta llevas meses sin practicar.

Desarrollar hábitos que te conecten con el dinero es una de las estrategias más importantes que puedo enseñarte. Son la base del cambio, el motor que te impulsa a transformar tu mente.

¿Cómo adquirir estos hábitos?

Dice Tony Robbins, el orador motivacional más famoso del planeta, que lo que configura nuestras vidas no es lo que hacemos de vez en cuando, sino lo que hacemos de forma consistente. Y es verdad. La única manera en que se adquieren los hábitos es practicándolos todos los días, una y otra vez. Necesitas interiorizarlos, convertirlos en tu estilo de vida, en algo que haces automáticamente y de manera tan natural que ni siquiera te das cuenta.

El mismo Tony Robbins es un ejemplo de esto. Millones de personas han cambiado sus vidas gracias a sus libros y conferencias. Es una persona extraordinaria y conectada con el dinero como pocas. Como es millonario, cualquiera podría pensar que lleva una vida fácil. Eso pasa con muchas mentes pobres: sueñan con tener dinero para holgazanear, levantarse tarde y ver la televisión todo el día. ¿Qué hace en cambio Tony Robbins? Según nos cuenta Tim Ferriss, autor de *Titanes*, Tony Robbins se despierta temprano todos los días y practica esta rutina:

1. Se zambulle en agua fría para lograr un cambio fisiológico rápido.

2. Realiza ejercicios de respiración con una técnica parecida a la "respiración de fuego" que se practica en el yoga.

3. Hace diez minutos de meditación con el objetivo de propiciar emociones fortalecedoras para el resto del día. De esos diez minutos, tres los dedica a "sentir una gratitud absoluta por tres cosas". En su lista a veces incluye cosas tan sencillas como agradecer por el viento que le da en la cara. Otros tres minutos se concentra por completo en la percepción de la presencia de Dios (o como quieras llamarlo tú). El resto del tiempo los dedica a lo que llama "sus tres para crecer": tres cosas que ese día hará que sucedan. Durante ese tiempo las visualiza como si estuvieran hechas, experimenta las emociones que su realización le harán sentir.

Lo que quiero mostrarte con esto es que la gente conectada con el dinero cultiva hábitos fuertes y enriquecedores porque usa su tiempo y su día para hacer que las cosas pasen, para dedicarse a sus objetivos, para mejorarse a sí mismo todos los días. Es un proceso constante, por eso insisto en que los hábitos son vitales.

Así que empecemos por el primer hábito clave para cambiar tu vida.

HÁBITO 1: AHORRAR

Las personas conectadas con el dinero tienen el hábito de ahorrar para invertir cuando se presente una oportunidad. Ya sé que Robert Kiyosaki, el autor de *Padre rico, padre pobre*, siempre le vendió al mundo la idea de que ahorrar en un banco era la cosa más estúpida del mundo. Bueno, ese tipo no conoce cómo funciona nuestra economía. Va y dice eso, y todos le creen y repiten: "No, Robert Kiyosaki dice que no hay que ahorrar nunca", y están malgastando el dinero todo el tiempo.

En serio, no sabes cuántos alumnos míos dicen: "Oye, Robert Kiyosaki dice que nunca ahorres, ¿por qué tú dices que ahorremos?". Pues porque Kiyosaki vive en Estados Unidos, tiene crédito, y si va al banco le sueltan 100 mil dólares al momento.

A ver, dime si a ti te van a soltar ese dinero sin tener tus balances, tu saldo promedio mensual. Si tú pides 100 mil dólares debes tener un balance por lo menos de 10 mil dólares, mensuales en el banco, ¿estamos de acuerdo?

En Latinoamérica, te guste o no te guste, tienes que ahorrar y poner tu dinero en el banco. ¿Cuál es la clave? El ingenuo que ahorra para ganarse el 4% de interés en el banco no sabe lo que hace. Porque lo que debemos hacer es ahorrar, ahorrar, ahorrar, pero también estar totalmente alerta todo el tiempo, alerta de forma inteligente, en busca de una oportunidad. Es decir, ahorrar es un hábito para alcanzar un fin mayor, no es el objetivo en sí mismo.

Y a todo esto, pensemos en qué es una oportunidad. Por ejemplo: al vecino se le murió su mamá, no tiene dinero con qué enterrarla y está vendiendo la casa al 20% por abajo de su valor. No estoy diciendo que seas un aprovechado. Más bien esas oportunidades las hay todos los días, solo que tú no las has visto porque nunca has tenido dinero para aprovecharlas. Pero cuando tienes tu dinerito en el banco, buenísimo, porque no solo lo ayudas, sino que compras la casa a un precio que te conviene.

Y bueno, vamos a suponer que no sea eso, para cambiar la situación, puede ser que llega Jürgen, te conoce en un café y decide venderte su empresa de Perú porque se va del país. (Es un caso real: yo un día decidí vender mi empresa de Perú). Entonces te digo: "¿Sabes qué? La verdad es que ya estoy en otro rollo. Quédate mi empresa, me caes bien, te la voy a dar a mitad de precio. En vez de 100 mil dólares, solo págame 50 mil".

Incluso podría ofrecerte mi ayuda. "Si me la pagas ahora, te prometo echarte la mano para que salgas adelante sin broncas. Yo voy a estar contigo. Vamos a hacer buenos negocios".

Podría seguir ofreciéndote ayuda, ventajas, podría decirte que si la compras trabajaría un año gratis para ti. ¿Y sabes una cosa? No importaría, porque la realidad es que no tienes dinero para comprar si nunca has ahorrado un centavo.

Para ser claros. La única forma en Latinoamérica de meterte al mundo de los negocios es teniendo un fondo propio. Si lo consigues, las oportunidades brillan por todos lados. El ahorro es uno de los grandes hábitos de los millonarios. Siempre tenemos dinero o podemos conseguir dinero muy rápido porque tenemos crédito y los bancos nos prestan.

Dependiendo de tu ahorro, tu cerebro detecta oportunidades. Vamos a suponer que una persona tiene un millón de dólares en el banco y le sale una oportunidad increíble: una propiedad muy valiosa, a solo 600 mil dólares en una subasta bancaria. ¿Crees que el millonario saca los 600 mil dólares para comprar la propiedad? ¿Crees que usa su dinero o pide prestado?

Pide prestado, por supuesto. Esto tiene dos explicaciones. La primera es que el día en que su cuenta esté vacía, su energía vital se baja y eso nadie lo puede permitir. La segunda: si él pide prestado y conserva ese dinero en el banco y no lo toca, en caso de que surja otra cosa le vuelven a prestar otros 900 mil dólares, otros 300 mil dólares, porque conserva su capital de reserva, sigue teniendo todo ese dinero allí.

Mientras mantengas tus dólares acumulados en tu cuenta bancaria, tu cerebro es muy feliz y mantiene su energía vital. Te pongo este ejemplo. Hay un chico que trabaja conmigo. Gana 5 mil dólares mensuales y no ahorra nada. Lo único que está haciendo es convertirse en empleado mío para toda la vida. Se va volver dependiente de mí, va a depender de mí para ganarse esos 5 mil dólares mensuales porque los necesita para gastárselos. Pero ¿qué tal si vive con 1 500 y ahorra 3 500? En diez meses tiene 35 mil dolaritos. Y ya con ese capital de arranque tiene para hacer dos o tres movimientos y convertirlos en 100 mil. Suena mucho mejor, ¿no crees? Más adelante te voy a explicar cómo hacerlo, cómo lograr crecer tu inversión tomando buenas decisiones.

Por cierto, muchas veces me preguntan si comprar una casa es un buen negocio. La respuesta definitivamente es no. Ahorrar dinero y esperar una oportunidad es mucho más inteligente que comprar un apartamento. En este momento ya nadie se hace rico rentando inmuebles, eso se quedó en los ochenta. Es muy simple, se trata tan solo de hacer las cuentas: si compras un apartamento, lo más probable es que con la plusvalía solo le ganes el 3% anual, con muchísima suerte quizá llegues al 7%, pero sería un caso excepcional. Mal negocio, si consideras que el banco te da lo mismo y no pierdes tu dinero.

Te voy a decir qué hacen los millonarios: venden su casa para invertir y viven en una casa rentada. El mejor negocio del mundo es rentar una casa. Vamos a suponer que quieres vivir en una casa de 100 mil dólares. Es más inteligente que pagues mil dólares al mes en rentarla, que comprarla completa y quedarte sin nada. Porque esos 100 mil dólares los metes a tu cuenta, te esperas tres meses, seis meses, 12 meses. Te juntas con gente inteligente y encuentras una oportunidad de oro. Entonces esos 100 mil dólares los inviertes correctamente y se vuelven 150 mil dólares. ¿Qué pasa? Sigues viviendo en la casa de 100 mil dólares, pero ya tienes 150 mil dólares en la bolsa. O más fácil: imagina que tienes allí tu dinero, esperando su oportunidad, y un día llega alguien y te ofrece una propiedad de 100 mil dólares, pero como le urge el dinero te la deja en 60 mil. Solamente por comprarla, ya ganaste 40 mil.

Una aclaración importante: si de plano eres un pésimo emprendedor, cómprate la casa y olvídate de todo lo que dije. Mejor ganar así y ahorrar así.

Lo importante es que tú tengas dinero en el banco. ¿Cuánto debes ahorrar? Lo que puedas: 5 mil dólares, 8 mil dólares. Aunque no lo creas, salen muchas oportunidades con 8 mil dólares.

Ya llegaremos a eso. Primero, ahorrar.

HÁBITO 2: ESCUCHAR Y ADMIRAR A LOS MILLONARIOS

El hábito número dos es siempre escuchar, observar, aprender y, lo más importante, admirar a los millonarios. Quizá cuando compraste este libro, o cuando alguien te vio leyéndolo, te dijo: "¿Cómo es que gastas tu dinero en esas cosas? Yo no creo en esas tonterías". ¿Sabes por qué? Porque casi nadie tiene el hábito de ser millonario. Olvídate de estos comentarios y aprende de los que saben, de los que son millonarios.

El mediocre mente pobre no solo no sabe. Tampoco lee, no escucha ni aprende. No es casual que no tenga dinero.

Yo uso un software especialmente diseñado para identificar cuál es la pregunta que más hacen de Jürgen Klarić en la red, qué es lo que más le interesa a la gente saber de mí. En cuanto preguntan algo, el software me avisa cuál es la pregunta. Lo interesante es que la pregunta número uno que la gente se hace de Jürgen Klarić es si realmente soy millonario.

A la gente le parece raro que no me ven con carro, ni con reloj. Creen que si en verdad fuera rico tendría un Rolex y andaría en un carrazo. ¿Sabes? Tuve todos los carros que te puedas imaginar. Mi último auto fue aquel Porsche Cabriolet en el que viajaba cuando me dijeron mente pobre. Te voy a ser bien sincero: nuestro apartamento familiar lo acabamos de comprar hace unos meses, porque no teníamos casa propia.

Yo tenía 14 propiedades de inversión pero no tenía una casa. Invertir en propiedades puede ser un buen negocio. Tener casa propia es un gusto, no un negocio.

Esa es la mentalidad, ese cambio es lo que quiero crear en tu cabeza, es lo que quiero que entiendas. Ese tipo que trae el Rolex y anda presumiendo a todo el mundo está fuera de tiempo; esas cosas se quedaron en los noventa. Hoy es todo lo contrario, cuanto más rico eres, menos lo muestras, porque sabes que el dinero no es para mostrar sino para transformar nuestra vida y la de los demás.

Conoces a Arnold Schwarzenegger, ¿verdad? Cuando en las entrevistas le preguntan si es un hombre "hecho a sí mismo", responde que no, porque en realidad tuvo mucha ayuda. Cuando Schwarzenegger llegó de Austria a Estados Unidos no tenía ni un dólar. Trabajaba como albañil, dormía en el sofá de sus amigos, en las colchonetas de los mismos gimnasios donde entrenaba. Pero Arnold tenía un ejemplo: Reg Park, el popular físicoculturista inglés que fue Mister Universo y luego interpretó a Hércules en las películas. Reg apoyó a Arnold y lo ayudó a impulsar su carrera. Luego llegó Lucille Ball, una de las actrices cómicas más legendarias de Estados Unidos, y lo llevó a su programa como estrella invitada, cuando en realidad no era nada conocido. Esa fue la primera oportunidad del actor antes de que se volviera famoso con *Conan* y *Terminator*.

Puede ser que después de escuchar esta historia alguien diga: "Es que es Schwarzenegger, es que levantaba pesas, es que sus amigos lo ayudaron, es que yo no conozco a ningún millonario" y otros mil pretextos más de mente pobre. La verdad es que no necesitas los músculos de Hércules para ser millonario, lo que necesitas es cambiar tu mente. Y tampoco necesitas ser amigo cercano de ningún millonario para escuchar sus consejos y su ayuda, para eso hay libros, para eso hay podcast, para eso puedes buscar la información en internet.

Por eso es vital escuchar a los millonarios, aprender de ellos, comprender que sin importar el negocio que elijas o lo que desees vender o comprar, hoy no estás solo. Esa es la gran oportunidad de esta década. ¡Acceso!

Tienes mucha información, mucha gente que puede ayudarte. La televisión nos ha hecho creer que los millonarios son egoístas, que son personas mezquinas. Y no voy a decirte que no existan de esos, porque en la vida hay de todo. Pero también hay otro tipo de millonarios que siempre están dispuestos a escuchar, a dar un consejo, a tender la mano si hace falta.

Podría seguir con este tema durante páginas, pero esta es la verdad. Si quieres cambiar tu vida, tienes que acostumbrarte a escuchar a los millonarios y aprender de ellos. No hay otro camino, tampoco ningún atajo. Entre más los escuches más aprenderás, y entre más sepas, más fácil va a ser para ti cambiar tu mente.

HÁBITO 3: AUMENTAR TU ENERGÍA VITAL PARA SER PROACTIVO Y PRÓSPERO

Para tener resultados reales, necesitas energía y entusiasmo real. Yo nunca he visto a un millonario cansado. Todos caminan erguidos, decididos, seguros de sí mismos. Las personas con energía alta se destacan más, hacen más cosas, siempre andan metidas en mil cosas, mientras que las personas con energía baja son más tímidas, más temerosas, les cuesta más trabajo. No he conocido a nadie en mi vida que despierte por las mañanas y diga: "Hoy quiero conocer a alguien con energía vital baja". Tampoco he conocido a nadie que diga: "Yo me quisiera casar con un chico o una chica con energía vital baja".

Porque inconscientemente todo el tiempo estamos buscando gente con energía vital alta. "Ay, me cae súper bien. Tiene un tipo de energía deliciosa, increíble, qué buena onda". Curiosamente todos los millonarios de verdad tienen energía vital alta. En serio, nunca he conocido a uno con energía baja. Y si es de energía baja y tiene billetes, estoy seguro de que pronto los va a perder. Porque la energía vital baja cambia tu forma de relacionarte con el dinero. Y también llega a suceder que quien tiene energía vital alta, la encauza mal y quiebra más rápido.

Te pregunto: ¿Cómo eres mejor papá: con energía vital baja o con energía vital alta? ¿Cuándo aprendes más: con energía vital alta o con energía vital baja? ¿En qué momento trabajas mejor: con energía vital alta o energía vital baja? Y lo más importante: ¿Cómo puede uno hacer más dinero y ser millonario? Si hay que elegir, ¿con energía vital alta o baja?

Es así de sencillo.

Mantener tu energía vital alta es un hábito increíble y depende de muchos factores. Empezando por la alimentación. ¿Cómo desayunas? ¿Cómo comes?

¿Sabes qué hago yo? A donde sea que voy llevo un frasco grande que tiene 14 semillas diferentes. Las combino con tres frutos rojos, *blueberries* secos, y leche de almendras o una taza de té verde llena de antioxidantes, más mi jugo de vegetales verdes. Incluye esa combinación en tu dieta diaria y vas a ver cómo tu cerebro empieza a acostumbrarse, y al poco tiempo, hasta le va a saber rico.

Alimentarse bien es uno de los hábitos básicos de los millonarios. Los millonarios no comen sándwiches de lechón todos los días. No pasa nada si de repente lo haces, como un gusto ocasional. Pero cómete un sándwich de lechón o una hamburguesa tres días seguidos y vas a ver cómo tu mente no jala, se pone lenta, poco útil e improductiva.

Si quieres ver los efectos de comerte una Big Mac día tras día, solo tienes que ver el documental de Morgan Spurlock, *Super engórdame*, donde él mismo hace de conejillo de indias comiendo en McDonald's durante treinta días seguidos. Al cabo de ese tiempo no solo engordó 11 kilos y aumentó su colesterol en 65 puntos, sino que además empezó a sufrir dolores de cabeza, mareos y vómitos, a sentirse deprimido, agotado, malhumorado y hasta perdió el apetito sexual.

El mundo es cada vez más competitivo e inteligente. Requieres una mente ágil para lograr tus objetivos. Así que come bien y, si puedes, agrégale a tu dieta salmón, aguacate, agua, cacao, todos los alimentos que enriquecen a tu cerebro. Y vas a andar como yo todo el día, con la energía hasta arriba, listo para lo que venga.

En nuestro retiro de Zona 5, Verónica Ospina, junto con mi chef Jorge Cano, nos enseña a llenarnos de energía alimentándonos bien. Para ellos, la clave es una alimentación basada en plantas, lo que se conoce como el plato Harvard.

La energía vital es clave en el proceso de conectarte con el dinero. Así que ya nada de esa imagen distorsionada del millonario gordito, como salido del juego de Monopolio. Hoy todas las personas prósperas son deportistas, corren, meditan, hacen yoga. Son gente preocupada por su biología porque saben que sin energía es imposible conectarse con el dinero.

HÁBITO 4: APROVECHAR EL TIEMPO Y NUNCA DESPERDICIARLO

Para conectarte con el dinero primero tienes que conectarte con el tiempo. Valorar tu tiempo. ¿Cuánta gente hay perdiendo el tiempo en Facebook tres horas al día, dando vueltas por sus redes a lo loco, sin ningún propósito?

Si ese es tu caso, deja de perder el tiempo así y dedícalo a la lectura. Según investigaciones de Thomas C. Corley, quien revisó los principales hábitos de más de cien millonarios, el 88% de ellos dedican al menos 30 minutos al día a la lectura, no de entretenimiento sino de lecturas que les permitan adquirir mayor conocimiento: biografías de gente exitosa, libros de desarrollo personal e historia.

En cambio, la gente desconectada con el dinero es campeona en desperdiciar el tiempo. Nunca sabe dónde se le fue. El que te dijo que no tenía tiempo para leer, ha de estar viendo la televisión. Es más, no quiero que esto suene a crítica, pero a mí no me gusta el futbol, no me gusta por una razón muy simple: porque una persona que ama el futbol le invierte de una a cuatro horas a la semana a estar viendo juegos, comparando los resultados, revisando los programas deportivos. Y mientras, el dinero se le está escapando.

Así que si tú eres de los que no valoran su tiempo, de los que dejan que se les escurra y cuando menos te das cuenta ya se te fue todo el día y ves que no has hecho nada, quiero que comprendas algo muy importante: los millonarios no pierden el tiempo, y tampoco invierten mucho tiempo hablando con cualquier persona. Se lo dedican a gente que sume y no que reste.

No se trata de discriminar; simplemente yo valoro profundamente mi tiempo. Mi tiempo vale más que mi dinero, porque sabemos que dinero podemos tener mucho, pero si hablamos de tiempo, solo tenemos 24 horas al día, igual que todos, sin importar que seas el más millonario del mundo.

Pero si bien, el dinero no compra horas, sí te permite enfocarte en lo que te guste invertirlo. Los millonarios siempre van al grano, a lo importante, y la gente los ve como locos desesperados. El otro día estuve negociando con un constructor y le pregunté tres veces la misma cosa y él no me respondía. A la cuarta le dije: "Mira, es la última vez que te voy hacer la pregunta y te la voy a hacer más clara que nunca. No te voy a invertir ni cinco minutos más. O me la respondes o, ¿sabes qué?, por respeto a tu tiempo y al mío, tú y yo no podemos hacer negocios".

Me vio como frustrado y por fin me respondió. Si no lo hubiera hecho así, yo me paro y me voy. Porque la única forma en que logras tener más tiempo, es respetando el tuyo y el de los demás.

Crear hábitos es vital para conectarte con el dinero, pero cuesta trabajo. La misma pereza que te da a ti me da mí. Y a veces uno solo no puede y necesitas a una persona que te esté latigueando. Por ejemplo, yo soy poco deportista, prefiero leer un libro que hacer ejercicio, no soporto el gimnasio. Entonces contraté a alguien que me obliga a hacer deporte, porque sé que debo hacerlo, todos necesitamos cuidar nuestra salud. Pero más aún, reducir el estrés.

En conclusión, cuéntame tus hábitos y creencias, y te diré cuánto tienes en el banco. Si no ahorras ni un peso, si te alimentas mal toda la semana, si no lees, si ves todos los partidos de futbol, si te juntas con gente desconectada del dinero, si no escuchas a los millonarios, si malgastas tu energía, entonces en tu cuenta de banco nunca habrá dinero. Tan sencillo como eso.

¿Quieres empezar a desarrollar buenos hábitos? No te esperes a mañana. A partir de este momento haz una firme determinación de empezar a cambiar.

Desde este instante. Estás comiendo un sándwich de lechón, déjalo. Quedaste de ir con tus amigos a ver el juego, cancela y ocupa ese tiempo en formarte, en arrancar tu negocio. Ibas a comprarte cualquier tontería en la tienda de la esquina, no lo hagas, mejor abre una cuenta y cada vez que quieras algo, en vez de gastarte el dinero, lo metes a tu ahorro.

Piensa que ya estás haciendo algo importante. Estás leyendo este libro en vez de perder la tarde viendo televisión o navegando en Facebook.

Es un gran paso. Vas avanzando.

Iniciar el camino hacia la abundancia

La abundancia es un concepto que fui descubriendo conforme avancé en el estudio de cientos de mentes ricas y pobres. Parte de la idea de que la meta no solo es tener dinero. Junto con la prosperidad, estos dos elementos son un equilibrio perfecto entre diversos factores.

Por eso la gente que se enfoca solo en la riqueza se desbalancea en otros ámbitos como la familia, los amigos o la salud. Mucha gente se centra en una sola cosa dejando de lado las otras, por eso el concepto de abundancia es más amplio e implica ser millonario en todo.

Los puntos que voy a mencionar a continuación tienen convergencia, interactúan entre sí, son totalmente sinérgicos, como un sistema atómico. Porque al final la verdadera abundancia y prosperidad está en poner a trabajar todos esos átomos en un solo sistema.

Hay que empezar a trabajar todos los aspectos de tu vida simultáneamente, porque si empiezas, por ejemplo, desde la espiritualidad y descuidas otro campo, entonces vas perdiendo el sentido del sistema.

Y es que uno puede ser feliz siendo muy espiritual, pero llega un día en que tu hijo te pide dinero para el viaje de bachillerato. En ese momento, cuando te ves obligado a reconocer que no tienes dinero, se genera un sentimiento horrible porque lo ves triste por no poder ir de viaje con sus compañeros.

La gente espiritual se vuelve sumamente egoísta, porque siempre dicen que no hay dinero y toca ser feliz así. En la vida real eso es muy utópico, es algo prácticamente imposible.

Yo creo que la espiritualidad sola te sirve si estás metido en un convento y sin familia, por eso mismo a los padres de la Iglesia les piden que no tengan hijos, y por eso a los monjes los encerraban en un monasterio, porque la única forma de ser netamente espiritual es alejarse del mundo banal.

Hay gente muy enfocada en la familia. Perfecto, enfócate ahí, pero no descuides los otros elementos del sistema porque terminas jodiéndote. Si descuidas tu salud, o la espiritualidad, o cualquiera de los otros rubros, te vas a descompensar y luego a hundir.

El dinero es una parte de la abundancia, pero sumado a la prosperidad se convierte en algo más completo.

Se vuelve sumamente difícil entender el ser millonario en todo sin entender el dinero, la salud, la sabiduría, la energía vital, los amigos, el tiempo. Estos son los elementos clave en la vida y todos se relacionan armoniosamente entre sí.

Por eso es triste saber que el 78% de los seres humanos no entienden el valor real del dinero y desbalancean ese perfecto engranaje.

Esto tiene sus motivos y se puede evidenciar muy fácil. Con el dinero pasa todo lo contrario que con los demás elementos; nadie dice la espiritualidad es una estupidez, pero dicen que el dinero sí lo es. La pregunta es: ¿Por qué le tiran tan duro al dinero, si ha demostrado ser una herramienta maravillosa de transformación y mejoría humana?

Debe de ser que le tienen miedo por su poder, que es increíble e imparable, y entonces prefieren atacar en vez de aprovechar sus cualidades para hacer cosas maravillosas por toda la humanidad. O capaz que quien habla mal del dinero es porque se siente incapaz de tenerlo.

La trampa de este libro, si se quiere llamar así, es una estrategia que se aprovecha de ese mismo miedo. La gente, al ver la portada con los billetes volando por todas partes, se siente seducida, y cuando empiezan a leer se encuentran con que los metí en un embudo al que llegaron por el dinero pero que los va a llevando a darse cuenta de que es un engranaje fundamental para tener una vida plena, próspera y maravillosa.

El objetivo del texto es que las personas puedan cambiar la percepción que tienen respecto del dinero, entender que es un elemento vital sin el cual se desbalancea el sistema. No basta con tener muy buena salud, muchos amigos o una linda familia. Falta el elemento del dinero, y es algo muy sencillo que instintivamente la gente quiere entender, porque la mente de las personas comprende con facilidad que el dinero sí es capaz de comprar la felicidad. El problema está en que a la vez sienten algo dentro de sí que los hace sentir mal y que no los deja conectarse con el dinero, la prosperidad y la abundancia.

Es una costumbre que viene de aquellos tiempos o de las comunidades en que las personas que tenían dinero lo amaban por el poder que les daba y se aprovechaban de eso para abusar de la gente, haciéndose más ricos por ello. Debido a que lamentablemente eso ha existido en la realidad humana, nos acostumbramos a paradigmas erróneos. Y lo cierto es que dentro de cada uno está el potencial para no intimidarse más y parar ese sentimiento que nos impide conectarnos con el dinero.

Es un proceso difícil en el que los constructos del pensamiento negativos siempre están poniéndose como barrera.

Hace unas décadas, el naturalista Konrad Lorenz descubrió que los polluelos del ansar, un ave acuática semejante a los cisnes y los gansos, se apegan al primer objeto en movimiento con el que se encuentran al salir del huevo, que normalmente suele ser su madre. Durante sus experimentos, Lorenz logró ser la persona a quien los polluelos vieron por primera vez, y las aves recién nacidas lo siguieron fielmente a todas partes. Fue así como demostró que estas aves no solo toman decisiones iniciales basándose en lo que encuentran disponible en su entorno, sino que se atienen a su decisión una vez tomada. A este fenómeno natural lo llamó *impronta*.

Al igual que estas aves, las primeras impresiones y decisiones que tomamos los humanos nos producen una impronta.

Por ello debemos prestar especial atención a la primera decisión que tomamos en lo que luego va a ser una larga cadena de decisiones. Cuando nos enfrentamos a tal decisión, podría parecernos que no es más que eso, una simple decisión, sin grandes consecuencias. En realidad, el poder de una primera decisión puede tener un efecto tan duradero que llega a influenciar nuestras decisiones futuras.

Teniendo en cuenta este efecto, la primera decisión resulta clave, porque de ella se traducen nuestros hábitos a largo plazo.

Pongamos el caso de Starbucks. Si quisieras un café de este establecimiento, el proceso ideal para tomar esa decisión debería tener en cuenta la calidad del café comparado con otras cafeterías de la zona, los precios entre los diferentes sitios y la distancia y el esfuerzo que te requiere llegar a cada uno. Se trata de un cálculo algo complejo; de modo que, en lugar de ello, recurres a un planteamiento más sencillo: "Ya he ido a Starbucks y me gustó, de modo que para mí es una buena decisión".

Así que entras y te tomas una taza de café. Unos días más tarde pasas de nuevo frente al Starbucks, te acuerdas de tus experiencias anteriores y entras de nuevo. Pasan las semanas y vuelves a entrar una y otra vez, y cada vez sientes un mayor convencimiento de que actúas basándote en tus propias preferencias: tomar el café en Starbucks se ha convertido en un hábito para ti. Es así como la impronta inicial que te produjo Starbucks ha terminado por convertirse en un constructo de pensamiento.

¿Y qué significa un *constructo de pensamiento*? Es la forma en que construimos mentalmente al mundo, nuestra representación de la realidad.

Por ejemplo, Alejandra piensa que Roberto es una persona "agradable". ¿Por qué lo considera así? Porque está basada en su experiencia con personas "desagradables", es decir, todo lo contrario de Roberto. Y gracias a este constructo, Alejandra construye su realidad con Roberto.

Los constructos son guías de nuestra conducta diaria, afirmaciones mentales que nos hacemos, que pueden ser ciertas o no, y por eso tenemos que estar a cada rato reformulando nuestros constructos.

Como los constructos son nuestro modelo de pensamiento y se basan en la experiencia previa, dependen de qué te hayas metido antes en la cabeza. Dependiendo de qué aprendiste y cómo lo aprendiste, tú sacas un resultado distinto.

Así, por ejemplo, es normal que muchas personas, ante la portada de este libro, no hagan otra cosa más que criticarla, eso es la mente pobre activándose frente a estímulos que le prenden las alarmas. Es más, yo podría decir que un termómetro fácil para saber si tienes mente pobre es la reacción que tuviste al ver la foto o el título del libro. Por eso digo que es una especie de trampa seductora que se convierte en un primer síntoma para diagnosticar qué tan sana o no está tu relación con el dinero. Muéstrale a alguien el libro y pregúntale qué piensa de esos dos elementos, te darás cuenta de todo lo que puede salir de lo que he dicho sobre esa primera impresión.

Puede ser que incluso muchos odien la imagen, incluso que la detesten. Como he dicho siempre, si quieres impactar con un mensaje preocúpate que al 20% no le guste y el 80% lo ame.

A quienes me conocen les encanta lo que hago y la conexión que tengo con el dinero. Esto es porque demostré ser un tipo que no le tiene miedo a la abundancia y la prosperidad, pero nunca dejaré de admitir que yo tenía el mismo problema, pudor, miedo e inseguridades de cualquier mente pobre.

En capítulos anteriores te conté la historia de cuando iba en mi Porsche y mi asistente me dijo que yo era mente pobre y al otro día me regaló el libro de T. Harv Eker. El autor proviene de una familia inmigrante que llegó a Estados Unidos con menos de 100 dólares en el bolsillo, se dedicó a trabajar y a construir su fortuna con sus propios medios. Lo increíble es que después de conseguirlo todo y hacerse millonario, T. Harv Eker entró en una profunda depresión, ya que no encontraba la forma de seguir creciendo. Al final entendió que la manera de seguir brillando era hablándole a los demás, dándoles motivación, enseñándoles lo que había aprendido.

Es así como escribe *Los secretos de la mente millonaria*, un libro que se ha convertido en una biblia para los emprendedores. Te explica las ideas preconcebidas que tienes sobre tu entorno y tu mente, y concluye en que todos creamos nuestro éxito basados en los pensamientos que tenemos. O visto de otra manera, nuestras convicciones se ven reflejadas, para bien o para mal, en nuestros resultados financieros y personales.

Es un libro extraordinario, no dejo de recomendarlo. Pero te voy a decir una cosa, ¡no te dice cómo cambiar! Te abre los ojos, te hace darte cuenta de que eres un mente pobre, pero no te explica los pasos necesarios para dejar atrás esa forma de pensar. Además, lamentablemente, el 80% de lo que dice no se aplica a nuestra cultura latina porque hemos sido criados de manera distinta y nos desarrollamos en condiciones diferentes a las que se viven en Estados Unidos. Y bueno, sí, en efecto, ese Jürgen que podía sentirse rico, era un mente pobre, y lo fui por muchos más años, pero ahora te voy a explicar cómo todo eso cambió.

Como el libro no me había dado las respuestas que necesitaba, entonces empecé a ir a todos los eventos del autor y mi primera reacción fue apenas imaginable: "¿Qué es esto?", me dije. Había una cantidad de gente que parecía poseída gritando: "¡Queremos ser millonarios!", "¡vamos, todos más fuerte"!, "¡agárrense todos juntos de la mano y griten quiero ser millonario!". Una locura.

Decidí entonces ir con un *coach* y como no funcionó pasé por el psicólogo, fui de aquí allá y nada daba resultados. Al contrario, cada vez me costaba más pagar la hipoteca de la casa en Miami y la cuota mensual del carro que terminé vendiendo porque estaba quebrado. Lo perdí todo. Quebré por segunda vez.

Estaba jodido pero sí tenía clara una cosa: no me iba a morir con mente pobre. Mi asistente, esa chica que odié mientras manejaba mi Porsche, me había dicho la verdad y yo estaba en la obligación de hacer algo al respecto.

Así inicio mi viaje, y a medida que empecé a estudiar el cerebro, el constructo del pensamiento, lo que pasa con las improntas y los recuerdos, fui descubriendo que tenía que trabajar profundamente en mi mente porque, la muy condenada, me estaba saboteando el camino. Yo decía querer al dinero pero en ese momento era una mentira, yo le tenía miedo al dinero.

Durante ocho años asistí en primera fila a los congresos de la gente que gritaba como loca que quería ser millonaria, me metí a cuanto curso encontraba, leí todos los libros que se me cruzaron y no pasó absolutamente nada.

A mí me tomó mucho tiempo reconectar mi cerebro porque yo era el más mente pobre de todos e inconscientemente le tenía miedo al dinero.

Lo conseguí con la ayuda de todo mi equipo de antropología y científicos porque era un tema muy serio para mí.

Después de 13 años de intensa terapia, puedo decir oficialmente que amo al dinero. Y lo amo como no te puedes imaginar. Tampoco es casual que haga tanto dinero, porque simplemente estoy conectado con él.

Hoy puedo decir que tuve la fortuna de perder todo mi dinero a los treinta y tantos años, cuando fui millonario por primera vez. Expreso que esto es un privilegio porque a esa edad yo no era una buena persona y no tenía un ser desarrollado con valores y principios.

A mí el dinero me dio mucha energía, pero no supe canalizarla e hice muchas estupideces. No fue culpa del dinero, sino mía. Por eso ahora digo: ¡qué bueno que se fue el dinero, porque ese no era mi momento! Cuando volvió de nuevo, ya me había preparado para ello. Durante esta etapa de mi vida, tener dinero me hizo una mejor persona.

Porque el dinero puede convertirte en un mejor ser humano, hacerte mucho más feliz durante tu existencia, e incluso te vuelve más comprometido con los temas sociales. Pero si crees que el dinero es una porquería pues a él tampoco le vas a gustar. ¿Cuándo has visto que a una persona que te cae mal le caigas bien tú?

Todo lo contrario, si despotricas en su contra, él o ella se alejan, sienten la mala energía y se van. Es igual con el dinero. Tú lo insultas, hablas mal de él, lo desprecias, dices que solo es para narcos o que nunca va a llegar a ti y siempre va a estar lejos, pero muy lejos de ti, mucho más de lo que puedas imaginar.

Es diferente cuando tu relación con el dinero se vuelve absolutamente maravillosa, ahí podremos obtenerlo en cantidades exorbitantes y generar mucho cambio. No solamente para nosotros, sino también para otros.

Además estamos en un mundo en el que ahora no importa la etnia, el título o lugar de residencia para acceder al dinero. Tenemos una gran herramienta a nuestra disposición, ¡bendito sea el internet!

La red democratizó aspectos de la vida social como la educación con YouTube o la cantidad de cursos que se pueden hacer gratuitamente. Si quieres saber de un tema basta con googlearlo para que aparezcan millones de resultados, y si prefieres no leer, puedes encontrar tutoriales en YouTube y las demás plataformas de video.

Ahora todos pueden lograr lo que quieran y las generaciones actuales vivimos en un tiempo privilegiado donde el mundo está a un clic de tu propuesta. Pero ¿cuál es esa propuesta?

En los siguientes capítulos me detendré en herramientas de la metodología tales como el cambio de las improntas y los constructos de pensamiento, la energía vital, las tácticas para ser millonario, y las competencias y actitudes de una mente rica.

Principios para conectarse con el dinero

"Yo soy una fuerza que camina".
—Víctor Hugo

En este capítulo específico vamos a empezar a desglosar las bases fundamentales para conectarse con el dinero con los principios inmutables. La Real Academia de la lengua define *principios* como "cada una de las primeras proposiciones o verdades fundamentales por donde se empiezan a estudiar las ciencias o las artes". Yo te diré cuáles son esas premisas con las que podrás empezar a estudiar el arte de hacer dinero y que formaron parte de mi mismo proceso para hacer el tránsito hacia la abundancia y la prosperidad.

Los principios clave son el mantra que debes repetir a diario, el fundamento del cambio y la conexión con el dinero. Se trata de cosas que se aplican a toda tu vida, que la cambian por completo. Estos principios modifican tu mente, tu entorno, la manera en que ves el mundo.

Estos son los ejes de tus actitudes y hábitos, porque funcionan como un filtro; si algo se adapta a tus principios, entonces lo logras; si no es compatible, entonces lo descartas. Son estrategias para simplificarte algunas decisiones y te permiten concentrarte en lo que realmente quieres, lo que es más profundo y te hará cambiar tu mente.

PRIMER PRINCIPIO: Aléjate de las personas con mente pobre y júntate con mentes ricas

Cuando tú eres mente pobre, y ahora que ya te diste cuenta de que más del 78% de las personas del mundo son mente pobre, lo primero que pasa es que empiezas a detectar al resto de las mentes pobres. Ves a tu alrededor y dices: este es mente pobre, este también, este otro igual. Mente pobre, mente pobre, mente pobre. Pero no se trata de eso, todo lo contrario. Lo que verdaderamente tienes que aprender es a detectar a las mentes ricas.

Qué diferente cuando estás en algún lugar y conoces a alguien y de repente piensas: "Este es mente rica, se le nota a leguas", porque entonces de verdad habrás dado un gran salto.

Júntate con mentes pobres y serás mente pobre; júntate con mentes ricas y serás mente rica. Así de sencillo. Pero entonces la gente me dice: "Jürgen, eso es demasiado, no puedo hacerlo, ¿cómo le hago?".

Recuerda esto siempre: existen pobres con mente rica que lo lograrán muy pronto, y ricos con mente pobre que perdieron todo. Ve a cursos buenos, invierte en tu educación y rodéate de personas que, como tú, tienen ganas de aprender cada día más. Si vas a endeudarte, no lo hagas por un automóvil, hazlo por tu educación y tu desarrollo personal, porque ese dinero que inviertas en ti te permitirá, a mediano plazo, generar más dinero.

Y es que para creer en la abundancia debes juntarte con gente abundante, así te enamoras de ella cuando veas qué tranquilos viven esos tipos, que nunca critican a nadie, nunca se quejan, viajan a donde les da la gana, siempre están con la familia junta viajando, no sufren, no están preocupados por pagar la renta. Cuando ves eso, dices: "Yo también quiero ser abundante".

No dudo que para ti pueda ser difícil juntarte con gente abundante y mente rica. No son públicos y viven en un círculo muy privado, familiar y complejo.

Los mente rica escuchan a un mente pobre y se alejan silenciosamente.

Pero te puedo asegurar que no hay nada más adictivo que pasar el tiempo con la gente abundante.

Este es mi tip: todos ellos tiene una
fundación. Trabaja para ellos haciendo labor social como voluntario y convive con ellos.

Lo cierto es que todo el mundo tiene un ideal de la vida perfecta, todos hemos querido ser alguna vez ricos en todo, pero muy pocos llegan a serlo porque no saben cómo. La razón principal es que esto no te lo enseñan en ningún colegio o universidad del mundo, debería existir la universidad de la abundancia. De seguro recuperarías tu inversión rápido.

Esta pequeña trampa para acercarte a millonarios, trabajando en sus fundaciones y ONGs, te va a brindar un momento de cambio y es la oportunidad para alejarte de ese círculo de mentes pobres en el que te mueves constantemente.

Ahí está el caso de un chico que llegó a mi organización y me dijo: "Quiero trabajar contigo. A mí no me importa cuánto me vas a pagar, sino en lo que me vas a convertir"? Por eso lo contraté y terminó ganando un dineral conmigo. Esa es la energía y disposición que hay que tener para aniquilar la mente pobre y ser cercano a una mente rica.

Zona 5 Una de las partes más bonitas del programa es cuando le enseño a la gente a desintoxicarse de sus familiares y amigos. Vivimos en un continente donde el 90% de nosotros tenemos círculos tóxicos terribles. Es una cosa rara. Tú vas a Alemania y no son tan tóxicos los círculos, pero en Latinoamérica sí lo son. La convivencia familiar constante puede afectar tu energía debido a algunas diferencias. ¡Y no hay nada más importante que tu energía vital! No permitas que nadie te la robe.

Quiero que entiendas que mi estilo de vida es muy particular, ya que todo parte de la energía. Por eso, yo me he vuelto muy hábil para extirpar de mi círculo a la gente que me roba energía. Yo solo mantengo en mi círculo cercano a personas que me den energía, al resto, ni les contesto. Y a mi casa solo entran los que tienen los más altos niveles de esa fuerza vital.

En la vida hay que ser drástico porque lo único que uno tiene para avanzar es su energía vital. Debes tener en cuenta que el mínimo nivel de energía en tu círculo primario debe ser 8 sobre 10, o sea, muy superior.

Por eso lo primero que es importante es descubrir a la persona que más te roba energía. En este momento, después de todas mis estadísticas, y lo que veo con cientos de alumnos, tengo una idea bastante clara de quién puede ser esa persona. Y vaya que me han dicho de todo, desde el novio hasta el amigo, la prima, la vecina, el jefe, hasta el perro.

Pero ¿sabes quién es la primera persona en la lista? La mamá. Este es un dato impresionante, pero está comprobado. Nuestras mamás son las personas de nuestro círculo cercano que más nos roban energía. Yo sé que me vas a decir: "¿Cómo?, pero si es mi mamá querida y amada". Pues sí, pero entonces tienes que ser claro contigo mismo y preguntarte: "Yo sé que quiero mucho a mi mamá, pero ¿cuánta energía me quita?".

Y entiendo que responder a esto resulte difícil. Sacar a gente de tu círculo primario es bien difícil; es como una operación de extraer un tumor, y te puedes morir en el intento. Sacar a tu mamá de tu círculo primario es muy complicado. Entonces no la saques, modera tus relaciones y así verás cómo las cosas entre ustedes mejoran.

"Se le puede quitar a un general su ejército, pero no a un hombre su voluntad".
—Confucio

Es típico de las madres latinoamericanas que te hablen para contarte todo el chismerío de la colonia, toda la serie de desgracias que le pasan a la gente de la familia. Entonces, cuando tu mamá te llama y te empieza a contar eso, le dices: "Mami, perdona pero ahora estoy muy ocupado. Qué te parece si el sábado te invito a tu restaurante favorito".

La ves en un restaurante hermoso. Miren, es muy curioso pero la gente cuando está en un buen restaurante es raro que se dedique a hablar mal de los otros o a contar desgracias. El lugar influye. Ya está. Has neutralizado el robo de energía, que más adelante aprenderemos también a cómo ganarla.

Otra cosa interesante que descubrí es que la segunda persona que más te roba energía en la vida, y ya sé que los datos son deprimentes pero es la verdad, es tu pareja. Y no importa en dónde vivas, Perú, Ecuador, México, Colombia, en prácticamente toda Latinoamérica es igual. Nuestras parejas nos quitan un montón de energía y esa es la realidad.

¿Te pareció feo eso que te dije antes, de que tu mamá es la primera persona que te quita la energía? Pues ahora te vas a llevar una sorpresa. Porque la tercera que más te roba energía en tu círculo nuclear es uno de tus hijos. No todos tus hijos, pero uno sí.

Minimizar el impacto del robo energético de un hijo es terriblemente difícil, pero debes aprender a administrarlo. Por ejemplo, poner reglas claras de respeto, porque si no pones límites te pueden acabar. Crear y hacer respetar tu energía vital empieza por uno. Cuida tu círculo cercano.

En el trabajo también podemos estar perdiendo energía. Si en tu equipo hay dos personas que no se soportan, hablas con ellos y les dices: "Si ustedes dos no saben trabajar en equipo, tienen un mes para arreglar sus problemas o se van". Y listo, se soluciona todo.

Si no puedes hacer esto, manténte alerta con los ambientes tóxicos. Cámbiate a otro sector donde no haya esa carga de conflicto, donde no te roben energía.

Y este es justamente el problema de trabajar por un sueldo, que te tienes que tragar toda la porquería de la empresa y también la de tu jefe.

Por eso tienes que romper con eso que Robert Kiyosaki ha llamado "el ciclo de la rata", es decir, en el que trabajas por un chequecito y no por ti. Tienes que cuidar tu energía vital. Es fundamental, porque a pesar de que el dinero sea papel, es energético. Y ten muy presente que nosotros gastamos energía en obtenerlo.

SEGUNDO PRINCIPIO: Dar

"Nos conocerán para siempre por la **huella que dejemos** en este mundo".
—Proverbio Dakota

Tú puedes decidir cuál es la connotación que le pones a tu dinero, cuál es el significado real que le vas a dar. En mi caso, durante mucho tiempo la connotación que le daba a mi dinero era disfrutar de la vida y proteger a mi familia. Hoy mi dinero es para cambiar el mundo. Hace cinco años que decidí eso, decidí que mi dinero sería para ese objetivo. Quién sabe si sea capaz de lograrlo, lo más probable es que no, pero creo que es un objetivo lindo.

Eso fue lo que decidí un día, que mi dinero no era para comprar un Bentley, ni un Mercedes, ni un Rolex, ni una mansión, ni para gastarlo en fiestas o lo que sea. Mi dinero es para cambiar el mundo.

Eso sí. Antes de pensar en gente que no conoces, primero debes cambiar tu vida y la de tu familia. Porque te voy a decir algo: es casi imposible cambiar el mundo si no tienes dinero. Por eso yo amo el dinero, porque el dinero sí transforma el mundo y puede darle un giro a la vida de tu mamá, de tu familia, de tu vecino, de alguien que no conoces. Un niño con cáncer en el hospital, por ejemplo.

Es cierto que muchos millonarios todavía están comprando equipos deportivos o yates. Sin embargo, los nuevos millonarios, sensibles a la realidad, están más interesados en cambiar el mundo. Es lo que hicieron Mark Zuckerberg, el fundador de Facebook, y su esposa, Priscilla Chan. En 2015, después de tener a su primera hija, prometieron donar a lo largo de sus vidas el 99% de sus acciones de Facebook, que entonces tenían un valor de 45 mil millones de dólares.

La Iniciativa Chan Zuckerberg se concentra principalmente en tres áreas: ciencia, educación y justicia. Ya destinaron más de 500 millones de dólares para crear un centro de investigación sin fines de lucro que dará financiamiento sin restricciones a médicos, científicos e ingenieros de las universidades más importantes de California. Están apoyando un esfuerzo para hacer un mapeo e identificar todas las células de un cuerpo humano saludable, con el objetivo de que, a fines de siglo, se prevengan y curen todas las enfermedades.

Otros millonarios, como Bill Gates y el inversionista Warren Buffett, lanzaron Giving Pledge, una iniciativa que le pide a la gente rica que se comprometa a donar, durante su vida o tras su muerte, por lo menos la mitad de su fortuna a causas filantrópicas.

Open Society, la fundación de Georges Soros, el magnate y filántropo que se encuentra en la posición 60 de la lista de Forbes de los más ricos del mundo, se propone promover valores como la democracia, la tolerancia y la inclusión. El mismo Jeff Bezos, el fundador de Amazon, decidió usar un método diferente para donar buena parte de su fortuna: le pidió consejos al público. "Estoy pensando que quiero que buena parte de mi actividad filantrópica ayude a la gente aquí y ahora, en el corto plazo, en la intersección de la necesidad urgente y el impacto duradero", escribió en su cuenta de Twitter. "Si tienen ideas, solo respondan a este tuit", agregó. Llegaron más de 48 mil respuestas y Bezos todavía no anuncia cómo va a usar su dinero. Mientras lo analiza, su esposa, McKenzie Bezos, donó el 50% de la fortuna que le correspondió cuando ambos se divorciaron.

Lo que quiero decirte con todo esto es que debes dejar atrás tu mente pobre: el dinero es para dar amor, y cuando tú lo haces, logras inspirar. Y si el dinero te cae mal, si hablas mal de él, si no crees que pueda salvar vidas, eres mente pobre.

Si te repites que el dinero solo trae cosas malas, es porque ni siquiera se te está ocurriendo que este elemento es para dar. Debes volver al hecho de tener un principio rector de tu vida que marque la finalidad de hacer dinero, y verás que te conectas con la riqueza automáticamente.

TERCER PRINCIPIO: Dale un significado de felicidad al dinero todos los días

Repite conmigo:

"El dinero compra felicidad, el dinero compra felicidad".

Es cierto, compra felicidad todos los días. Ve a almorzar. Al final, paga la cuenta. ¿Tú crees que a la gente le gusta eso? ¡Claro que sí! A la gente le encanta que la invites a comer y disfrutar.

Existe mucha gente proclamando que el dinero no compra la felicidad. Pero si a la salida de un restaurante vas caminando y hay una viejita con chocolates y te dice: "Señor, le vendo un chocolate", dale 50 dólares y vas a ver cómo empieza a temblar de la emoción. Va a quererte dar todos los chocolates. Cuando eso me sucedió a mí, le dije: "No como azúcar, gracias. Disfrute con sus nietos". La viejita no podía creerlo. Una y otra vez me decía: "Que Dios le agradezca, que Dios le bendiga, que Dios acá, que Dios allá".

Ahora, no es culpa de la viejita el que me haya respondido así. Está condicionada por todos los factores de los que hemos hablado. Porque si lo piensas, se necesita una mente muy pobre para decir eso de que Dios me lo agradezca. No, mejor hubiera sido que me dijera: "Yo te lo agradezco, mis nietos te lo van a agradecer". El poder decir "gracias" en primera persona y de frente enaltece el espíritu de la mente rica.

Porque te voy a decir una cosa: Si hay algo que me frustra, es que cuando a las personas les va mal o les pasa una fatalidad, digan: "Diosito, ¿por qué me hiciste esto?", y cuando a la gente le va bien: "Gracias Diosito, si no hubiera sido por ti, no hubiera logrado eso". Para mucha gente, Dios es responsable de todo lo bueno y todo lo malo que les pasa.

"Gracias a Dios tenemos alimento en esta familia". Por qué no mejor les decimos a nuestros hijos y los educamos al decir: "Gracias a que hemos aprendido a valorar el dinero, a trabajar, a ser honestos y a conectarnos con la abundancia, tenemos los mejores alimentos en esta mesa y podemos estar con Dios". Es así como se reza en mi familia. A mí que nadie me venga a decir que la comida llegó por Dios, porque si entonces no llega, ¿acaso fue porque Dios no quiso?

¿Y sabes por qué la gente dice esto? Porque en el fondo se quieren lavar las manos, no quieren asumir la responsabilidad directa.

Dios te ama y te ayuda en la medida en que tú hagas tu parte. No es un tema de ser agradecido o mal agradecido, es un tema de responsabilidad. Dios es lo máximo, pero no lo hagas responsable de tus éxitos, y menos de tus fracasos. Él quiere lo mejor para ti, pero tú tienes que ganártelo. Yo no conozco todavía a nadie que rece y le llegue dinero en un paquete.

Las religiones y las personas han distorsionado el mensaje para justificarse o reducir su responsabilidad. El dinero se acerca a ti porque tú quieres que llegue, no porque le estás rezando a Dios. Hacer eso no te ayuda a conectarte con el dinero. ¿Quieres que Dios llegue a ti? Amalo y Él va a estar contigo. Lo mismo con el dinero: tú lo respetas y lo quieres y está contigo.

También debes decir una y otra vez:

"El dinero salva vidas".

Con 15 *Benjamins* puedes salvar la vida de un niño con cáncer. Lo lindo del dinero es lo que puedes hacer gracias a él, cuando lo usamos no por lo que compra sino por lo que logra en las personas cuando las ayuda a salir de un problema o les genera un cambio anímico. El dinero es felicidad y sí, es cierto que la felicidad se compra. Aquí te doy un ejemplo maravilloso de cómo el dinero es capaz de esto: imagina pagar la hipoteca de tus papás. ¿Sabes cómo te haría sentir eso? ¿Sabes cómo los haría sentir a ellos?

CUARTO PRINCIPIO: EQUILIBRIO

El principio del equilibrio busca que seas millonario en todo, no solamente en dinero, y por eso es un elemento clave para conectarse con la abundancia. El dinero es fundamental, cierto, pero es parte de ese sistema de abundancia real que define el significado de la prosperidad integral. Porque el significado de este es el que cada uno le da. Ahora, tú dime,

¿qué es el dinero para ti?

Tu forma de pensar es la que te acerca o te aleja del dinero, esa es la verdad. El problema no es la cantidad de recurso que tengas, así que deja de pensar que el dinero es malo. El dinero nunca viola, pega, golpea, maltrata a alguien.

¿Realmente adorar el dinero es un pecado? ¿Qué es entonces adorar el cambio de vida que produce el dinero? ¿Pecado o bendición?

El dinero no es malo, malo es quien hace cosas feas con el dinero. Entonces, es bien claro que el problema no es la relación que la gente tiene con el dinero que es lindo, maravilloso y tan adaptable que puede convertirse en lo que a ti te dé la gana que sea.

Mucha gente considera que el exceso de dinero los convertirá automáticamente en malas personas, y cuando uno les pregunta si quieren ser millonarios, responden: **"No, no así como millonario, no.** Con que tenga dinero para vivir bien es suficiente". Eso es declarar en contra de ti mismo; con esas ideas nunca serás millonarios.

Perderás así la maravillosa oportunidad de ayudar a miles y de disfrutar de la máxima libertad.

Cuando te vuelvan a preguntar si quieres ser millonario, responde, ¿y por qué no multimillonario?

Lo que pidas al universo es lo que te va a dar. Si tú dices: "Solo con que yo tenga para vivir está bien", eso es lo que vas a tener. Tan sencillo como eso.

"El hombre es verdaderamente grande cuando actúa apasionadamente".
—Benjamin Disraeli

Para lograrlo tienes que trabajar con tu mente.

Con estos cuatro principios es como yo pude ir superando ese miedo que se mete dentro de nosotros y nos impide ser prósperos. Lo más importante de estos principios para conectarse con el dinero es entender qué es lo que te aleja de él, para dejar de tenerle miedo y poder convertirte en millonario en todo.

Estos principios permiten hacer un análisis de los que pensamos, decimos, sentimos y hacemos para poder matar la mentalidad pobre, que es la piedra que nos hace tropezar en el camino. Dejar atrás las creencias que nos inmovilizan permite hacer recodificaciones en el cerebro que abran el camino para atraer la riqueza.

CAPÍTULO OCHO

La energía vital como motor para conectarse con el dinero

Nada más energético que una cuenta bancaria con seis ceros en dólares. Hay una premisa esencial y es que el dinero es energía y poder. Si nos encontramos en la calle y te doy la mano, ese contacto te transmite un poco de electricidad, digamos que dos kilovatios. Pero si te doy un *Benjamin*, la energía crece notablemente. El motivo es que el dinero es maravilloso y transmite dinamismo, alegría, energía. Y si no, ¿cómo es que sonríes de oreja a oreja cuando alguien te regala un *Benjamin*?

Piensa, ¿qué da más energía: el *Benjamin* o mi mano? La respuesta es muy fácil para una mente rica.

Imagina que vas al centro comercial. Buscas a una mujer guapa y le das un *Benjamin*. Pocas son las que lo toman sin ofuscarse ni complicarse, y todo es por las improntas negativas.

Pregúntale a otra persona qué prefiere, ¿que le estreches la mano o que le des un billete? Tú mismo, ¿qué preferirías? ¿Qué da más energía? ¿El *Benjamin* o esa otra persona?

Racionalmente, la mayoría de las personas escogerían el dinero. Con estos ejercicios pruebo el poder del dinero y su fuerza energética.

La persona que recibe el billete encuentra en él energía, pasión, felicidad. Para mí, es como si me dieran un nuevo mejor amigo. Se siente bien que te den dinero y ese es el poder que tiene, el sentirse rico al recibirlo.

Pero tú también serás más feliz dando un poco de tu energía. El dinero tiene el mismo poder cuando se da. Muchas personas también nos sentimos muy bien cuando entregamos dinero a quienes lo necesitan. A veces incluso se siente mejor que el recibirlo. Porque el dinero es solo una parte de un sistema energético complejo que debemos mantener en equilibrio para poder conectarnos con la abundancia y la prosperidad.

Esto nos permite pasar a otros niveles superiores en donde podrás ser verdaderamente rico en todo.

CAMBIAR ES MUY DIFÍCIL

John P. Kotter, profesor emérito de Harvard, hizo un estudio que le permitió explicar lo complejo que nos resulta cambiar nuestros constructos. Desaprender lo que nos enseñaron, hacer cosas nuevas, es muy desgastante y muy costoso a nivel energético para el cuerpo. Es como borrar y formatear todo nuestro disco duro y después grabar la información correcta para lograr una verdadera transformación en nuestras vidas. En este proceso el cerebro gasta mucha energía, y entonces, cuando la gente se siente cansada, prefiere volver al estado en que se sentía más cómoda.

Para lograr cambios verdaderos, Kotter señala tres etapas diferentes: confort, aprendizaje y cambio.

Cuando estás en tu trabajo, haciendo todos los días lo mismo, con las mismas personas y en los mismos lugares, gastas poca energía porque te encuentras en tu zona de confort. Si decides hacer una maestría o aprender cosas nuevas, tu cerebro empieza a funcionar y demanda una energía mayor: esa es la zona de aprendizaje. La zona más alejada es la de cambio, y allí tu mente te va a pedir energía a lo loco, por ejemplo, para decirle a tu jefe las cosas con las que no estás de acuerdo y que deberían cambiar. O mejor todavía, para renunciar a tu trabajo y emprender tu propio negocio.

Lo más bonito es que todos tenemos la oportunidad de cambiar. Pero si somos como esa gente a la que le ponen un *bypass* en el corazón y aun sabiendo que puede morir no cambia sus hábitos de vida, pues estamos jodidos. Por eso, aunque hay información maravillosa, gurús extraordinarios, diferentes técnicas y estilos, solo 2 de cada 10 personas que se proponen cambiar lo hacen de verdad.

A las otras ocho les falta energía suficiente para ser disciplinadas en la vida y entender que el cambio es un proceso igual al que sufre el carbón para ser un diamante. Mover un pesado tren requiere mucha energía, de lo contrario el tren se quedará quieto envejeciéndose.

LA ENERGÍA VITAL

La energía vital nos da la capacidad de cambiar y adaptarnos a cualquier situación. Como mencionaba antes: conforme nos alejamos de nuestra zona de confort, el nivel de exigencia aumenta.

Para lograr nuestros objetivos necesitamos una constante recarga energética que nos mantenga enfocados y disciplinados.

Es ese motor detonador de transformación dentro de nosotros y nuestro ambiente el que nos anima a hacer cosas de forma mucho más efectiva que otras personas. Porque a fin de cuentas somos seres hechos de energía vital, y mantenerla al máximo nos permite avanzar más rápido y sin retrocesos.

La importancia de hacer deporte, alimentarse, dormir, respirar, meditar, manejar correctamente el sexo, los entornos cercanos, tu actitud, el dinero y la vocación de propósito es grandísima porque esos factores son un motor de transformación. Manejarlos bien te lleva a conectarte con el dinero.

Hablar de energía conlleva mucha responsabilidad y por eso cada vez investigo más al respecto, tanto para seguir aumentando mi energía personal como para ayudar a que otros también lo hagan.

En la vida uno tiene dos oportunidades de tener energía vital alta. Cuando naces y cuando dejas de ser ignorante en el tema. En mi caso, la energía ha estado conmigo desde muy joven y a los 16 años la sentía ya en mi cuerpo y la aplicaba como una sobrecarga que hacía decir que lo único que quería era graduarme, para después salir volando y descubrir el mundo. Eso sí, cada vez que canalizaba mal mi energía, terminaba avergonzándome de lo que hacía.

Fue impresionante estudiar, junto con mi equipo de neurología, psicología, biología y neurociencia, los pormenores del tema. De entrada, descubrimos que el problema no es la falta de información, sino lo desordenada y poco práctica y útil que resulta.

Hay grandes referentes relacionados con el manejo de la energía vital, empezando por las religiones asiáticas, que durante siglos han desarrollado un conocimiento basado en la energía. Por otra parte, en el ámbito científico, la tecnología todavía no ha sido capaz de decirnos cuánta energía vital tenemos en el cuerpo o dónde está. Lo alentador es que cada vez avanzan más los estudios en este campo.

Casi siempre hablamos de la energía como algo etéreo, como esa "buena onda" de la que no sabemos mucho.

Por ese mismo desconocimiento, las respuestas rápidas e irresponsables son el Starbucks y los energizantes. Muchos creen que tomándose dos americanos en la mañana y dos Red Bulls en la tarde es suficiente para tener la energía que necesitan. Sin embargo, la triste realidad es que el café, a pesar de que se ha detectado que es una gran fuente de energía, también puede complicar otros aspectos del organismo por ser tostado o casi quemado.

Todos necesitamos energía y puedo asegurar que a nadie le sobra.

Yo mismo, aun cuando trabajo muy fuerte la parte energética en mi cuerpo y mi mente, quisiera tener el doble de la que poseo, para lograr aún más.

Decía Carl Jung, el reconocido psicólogo suizo: "Uno no se ilumina imaginando figuras de luz, uno se ilumina haciendo la oscuridad consciente".

Lo mismo pasa con el tema energético, es una oscuridad donde todos empezamos siendo novatos o ignorantes.

En mi caso, como vivo sediento de encontrarla de una forma práctica, sana y científica, esto me ha llevado a estudiar las mejores formas para alcanzar altos niveles de energía capaces de conectarme con el dinero, la prosperidad y la abundancia.

FUENTES DE ENERGÍA

1. Alimentación: ¿Sabes cuál es porcentaje de energía que consumen nuestra mente y nuestro cerebro? La primera, entre 20% y el 24%. ¿El estómago? Por ahí del 30% al 35%. Por eso es importante alimentarse adecuadamente para responder con el nivel energético que nuestro cuerpo requiere. Una buena dieta nos proporciona los nutrientes necesarios para nuestro cuerpo y mente. A medida que vayamos avanzando, te contaré sobre las formas menos tradicionales para que al final te des cuenta de cómo puede uno ayunar y seguir con energía vital.

¿Te has preguntado por qué es tan importante comer bien para que el cerebro tenga energía? Yo creo que hemos aprendido a comer para vernos guapos, para alimentar nuestra vanidad, pero no para que nuestra mente piense y funcione diferente, y pueda lanzar esos impulsos que activan los circuitos eléctricos dentro del cuerpo.

2. Ejercicio: Si dejas de ser sedentario y haces ejercicio, te llenas de energía. Se lo dice una persona que hace muy poco ejercicio porque me despierto a las 5 de la mañana para ir a un avión y estar viajando todo el día, casi todos los días.

Para mí, subirme a una caminadora a correr no es fácil, pero trato de hacerlo cada vez que puedo.

Si ustedes tienen el tiempo necesario, es vital que empiecen a moverse, esto les permitirá recargar los niveles de energía, además de mantener un estado de salud mejor para disfrutar plenamente lo que significa conectarse con la abundancia.

El poder del ejercicio está en hacerlo solo 40 minutos en la hora pico de tu estrés, para eliminarlo.

3. Dormir: Todos sabemos que dormir es

importante para la salud, y es indispensables para tener energía durante el día. Probablemente muchas personas no saben cuántos son, en promedio, los ciclos de sueño necesarios de acuerdo con los estudios científicos recientes. Eso puede hacer una gran diferencia en el potencial energético de todos los días. Desconocemos cuántas horas debemos dormir según nuestra edad. Tampoco estamos al tanto de la ciencia y la relación entre dormir para descansar. Si tú quieres saber por qué y para qué dormimos, te recomiendo el libro de Matthew Walker, *Why We Sleep*, donde te explica el poder de dormir y el de nuestros sueños. Eso es preocupante y aquí es donde hago el llamado para que seamos más conscientes de este tema vital.

Siempre he creído que no es justo, con nosotros mismos, vivir en un mundo que tiene tantas oportunidades para aprender, con toda la información que tenemos disponible a un clic, y que ni siquiera sepamos la ciencia del dormir. Te voy a dejar esa tarea para que empieces a prepararte por tu cuenta, a buscar, a informarte, a no quedarte quieto en un mundo que se mueve todo el tiempo. Buscar información sobre cómo debemos dormir correctamente, los ciclos, las recomendaciones, los espacios y el ambiente adecuado. Hazlo porque es una responsabilidad que tenemos para con nosotros mismos y con nuestros hijos.

Te adelanto tres tips: apaga al 100% luces y foquitos rojos al ir a dormir, carga tu celular lejos, no te vayas enojado o preocupado a dormir.

4. Sexo: Lo que debemos saber, y de forma práctica, es cómo ver el sexo con respecto a la energía, ya sea para esta noche, mañana o la próxima semana. Está probado científicamente que las mujeres, cuando hacen el amor, se activan como si estuvieran conectadas a la electricidad, generan energía pura.

Ellas pueden tener multiorgasmos, por lo que su energía sube a las nubes. Por eso, en general las mujeres que tienen buen sexo siempre gozan de un potencial energético increíble, o al menos eso aparentan en su sonrisa y su actitud.

Sin embargo para los caballeros tengo malas noticias, con nosotros no funciona igual. Los hombres gastamos el triple de neurotransmisores en el momento de la eyaculación y el cuerpo inmediatamente prende alarmas que te dicen que estás en peligro y necesitas descansar.

Por eso nos da sueño después del sexo, porque hay que recargar la energía, un proceso que las mujeres no necesitan de igual manera y que les permite estar despiertas por mucho más tiempo.

Ahora, si sabes de sexo tántrico, pues bienvenido. Porque un hombre puede tener muy feliz a su pareja muchas veces porque aprende a tener un orgasmo sin eyacular y no pierde el nivel de energía.

Además se ha podido probar, científicamente, que los jóvenes que se masturban mucho le roban una gran cantidad de nutrientes a su cerebro. Esto pasa porque, curiosamente, los componentes que conforman el semen son compartidos por los que alimentan la mente.

Entender estas cosas es muy importantes porque tú, regularmente, no sabes cómo explicarle a tu hijo por qué no debe masturbarse, o al menos no exageradamente. Darle el tip de que deje ese hobbie o evite tener sexo cuatro días antes de ir a los exámenes, es una recomendación espectacular que puede hacer la diferencia.

Y saber manejar bien el sexo no solo es un factor de transformación increíble para los más chicos, esto es un aspecto esencial en cualquier persona, para que no le robes energía al cerebro cuando este necesita enfocarse en otras cosas.

¿Sabías que los franceses le dicen al orgasmo *petit mort*, es decir "pequeña muerte"?

El amor de pareja es de esas cosas que te llena de energía, y bien manejado es una fuente extraordinaria de ese potencial vital que requerimos para transformar nuestras vidas. Si vas a regalar energía, hazlo dentro de tu matrimonio.

5. Meditar: Cuando meditas, todo lo bueno que produces va hacia adentro y lo negativo para afuera. Es como si te desconectaras de lo externo para conectarte contigo mismo y ser como una planta que hace fotosíntesis para alimentarse a sí misma.

Meditar produce que el nivel de pensamiento baje significativamente y posibilita que tu energía se quede en ti,

que tengas un encuentro contigo mismo que te lleva a niveles de conciencia con los que puedes lograr mayor tranquilidad y paz, factores clave para tomar mejores decisiones que nos permitan conectarnos con el sistema de la abundancia.

6. Respirar: Cuál es la manera correcta de respirar? Ese es un dato buenísimo que pueden consultar en mi libro anterior, *Neuro oratoria*. Ahí te demuestro la importancia de la respiración, no solo para tu voz sino como una de las formas más eficaces para llenarse de energía.

Entre más oxigenación se meta a la sangre, más vitalidad se generará dentro del cuerpo. Respirar para ganar energía es posible porque esto ataca a uno de los peores enemigos del potencial vital: el estrés. Cuando te encuentres bajo ese terrible sentimiento, hacer ejercicios respiratorios es maravilloso.

Hay miles de datos relevantes en relación con respirar, pero no los conocemos porque vamos 13 o 14 años a un colegio y a la universidad, y nadie nos enseña a respirar, a comer ni a dormir correctamente. Esa es la inquietud que quiero generar en ti, para que seas consciente de eso e investigues por tu propio bien.

Aprendamos a respirar de forma consciente.

7. Entorno cercano: En esta fuente de energía se ubica nuestra familia o pareja. Antes que nada quiero dejar muy claro que tener baja energía no implica ser una mala persona, solo quiere decir que eres diferente. Existe un dato interesante: está probado que la gente que tiene baja energía es más fiel, solidaria y mejor para las amistades.

Si tu esposa o esposo tiene baja energía, primero sugiérele un libro como este, ayúdale a que se vaya a meditar o que tome un curso de respiración, dile que vaya con el entrenador a hacer ejercicio, invítalo a comer bien y con eso le vas a regalar un 20% de energía extra. Es una inversión enorme que haces por el otro y por ti.

Hay algo muy claro y es que no necesariamente en una pareja los dos tienen que ser Energía 10. Si es así, lo más probable es que también van a terminar mal. Por eso,

hay que entender que uno tiene que convivir con diferentes niveles de energía en el entorno cercano, siempre y cuando esa persona no te esté robando demasiado potencial vital.

En una escala del 1 al 10, los que se llevan bien con los 9 son los 8, mientras que los 7 también llevan una buena relación con los 8 y los 9.

Cuando alguien te roba energía, y crees que no puedes hacer nada para cambiarlo, mi recomendación es reducir el tiempo de convivencia con esa persona. Si sientes que un amigo te roba energía, sácalo del Whatsapp rapidito y no lo vuelvas a ver.

Pero ¿qué pasa si detectas que tu esposa tiene bajo el potencial vital?

No hay nada más peligroso que tener una pareja que te roba energía. No se trata de romper con ella o, peor, ir a buscar energía a otra casa. Si hay una cosa bonita en el mundo es la fidelidad y la lealtad. ¿Sabes por qué?

Porque cuando uno hace el amor con una sola persona, la energía se queda circulando en el día a día del hogar.

Si tú le das tu energía a tu esposa, esa energía se queda en tu casa y regresa a ti. Pero cuando tú andas repartiendo potencial vital por el vecindario, eso se pierde y nunca vuelve.

La energía es el principio que más me convence para ser fiel, y con el tiempo es algo interesantísimo porque descubres que el adulterio es una pésima inversión energética. Si tienes dos dedos de frente te vas a dar cuenta de que vale mucho la pena verlo así y ser leal a tu familia, pero ante todo, a tu energía.

8. Entorno ampliado: Aquí puedes ubicar a personas como tu jefe y tu ambiente de trabajo. Es uno de los sitios en donde más energía corre por los pasillos. La pregunta que hay que hacerse es: a ti ese entorno ¿te roba potencial vital o lo aumenta?

En mi equipo, por ejemplo, cuando alguien llega con baja energía, lo primero que hacemos es tratar de subirla para que todos vibremos en una misma tónica.

Ten mucho cuidado de tus entornos; medir el nivel energético de tu oficina y de tus jefes es fundamental, porque

con una persona robándote el 20% de tu preciada energía es muy complicado sobrevivir y ser.

En ese caso, y si definitivamente no puedes cambiar de trabajo porque necesitas el dinero y no tienes más oportunidades, entonces preocúpate por salir de tu oficina, al menos dos veces por semana, a hacer algo que te permita recuperar tu energía. De lo contrario, vas a matar tu energía en seis meses. Trata de ir a un curso, al gimnasio, motivarte por Youtube o a través de la lectura. Haz todo lo posible para subir tu nivel energético.

9. Actitud de ganador: positiva y proactiva. En nuestra cultura hispana no hemos entendido que tu actitud es una forma esencial de obtener, robar o ganar energía.

Por ejemplo, algo que nos roba muchísima energía, y los latinos amamos hacer, es criticar. El chisme es terrible. Si tan solo supiéramos que en la mayoría de los casos a la persona de la que hablamos no le interesa nuestra opinión, nos ahorraríamos un montón de problemas y el desgaste energético.

La crítica, sea constructiva o destructiva, activa el cerebro por todos lados. Esto roba mucha energía. Es una sobreestimulación negativa que nos enferma. Por eso no criticar y ser agradecido es clave.

Ver a un amigo, familiar, socio o a cualquier persona una vez por semana, o muchas, y decirle gracias, eso da una energía brutal.

Decirlo de forma frontal y no por Whatsapp es una cosa maravillosa, al igual que sonreír, una de las mayores estrategias para ganar energía. Ser colaborativo, solidario, no criticar y dejar de vivir la vida de otras personas es de verdaderos ganadores.

Cuando vives la vida de otras personas y te imaginas lo que les está pasando, te metes a un punto tan profundo del pensamiento que tu cerebro no puede correlacionar la diferencia entre tu vida y la del otro, y consume el doble de energía. Estás viviendo dos vidas, una real y una paralela, que te roba casi el mismo potencial energético.

Ganar, producir y ahorrar energía para tu cuerpo es un excelente negocio.

10. El dinero bien habido: ¿Cuántas veces has pensado que el dinero es energía? Lo es, y muy potente. Lamentablemente le tenemos miedo al dinero por creer que es malo.

Cuando los bolsillos están llenos, el potencial vital sobra. Pero cuando el saldo de la cuenta del banco está en rojo, la energía se va sola.

El dinero tiene sentido cuando descubres que con él puedes cambiar el mundo.

Cuando lo usas solo para darte felicidad a ti y a los tuyos, pierde valor y sentido. El día en que descubras cómo le puedes cambiar la vida a una persona, a quien incluso jamás has visto, te vas a dar cuenta cómo te llenas de energía.

A mí realmente me da más energía el dinero que ir al gimnasio, y por mucho. La razón es que el día que no tenga un clavo en la cuenta, la casera me va a estar hablando todos los días. Después de eso puedo ir al gimnasio 18 horas seguidas, pero ahí no voy a encontrar energía.

Es cierto que el dinero en malas manos puede ser energía mala, en especial si no lo sabes manejar. Todo está en la preparación que tengas para que llegue a ti. La gente enferma lo recibe y hace cosas malas, pero si ves que es una fuente maravillosa de energía, podrás generar un cambio.

11. Vocación más pasión: Mi secreto para tener tanta energía es esta fuente. La verdad voy poco al gimnasio y no siempre es posible comer bien en aeropuertos y aviones. Aunque sé que si mejoro esas dos cosas voy a tener mucho más potencial vital, mi foco está en la pasión que me provoca encontrar propósito en mi vida.

Tener un propósito es fundamental para todos los seres humanos, y sobre todo para los más jóvenes, porque lamentablemente yo tengo que decir que descubrí mi propósito a los 42 años.

Desde ese momento afortunadamente mi energía cambió porque encontré lo que verdaderamente amo en el mundo.

Con eso también le encontré al dinero un propósito real: descubrí que mi vida era enseñar sobre estos temas y generar conciencia. Hoy doy 150 conferencias masivas al año y amo hacerlo, porque cuando estoy al frente de miles de alumnos, les ofrezco toda mi energía, y a cambio ellos me regalan el triple. A veces tengo que hacer algo para apagar el motor porque en esos eventos me cargo de potencial vital de una manera impresionante.

Hasta que yo encontré mi verdadero propósito, solía creer que todo lo que hacía era mi pasión y que ese sí era mi propósito. Luego me iba de esos caminos desesperado, queriendo hacer algo nuevo. Pero cuando me encontré con la capacidad de poder generar conciencia en la gente, me dije: ¡Bendito sea! Ahora eso es lo que me da más energía en el planeta.

¿Para qué requerimos tanta energía?

Es importante tener mucha energía porque las personas con alto potencial vital aprenden más rápido.

El proceso de aprendizaje roba mucho más combustible de lo que uno se puede imaginar; esas estructuras mentales necesitan mucho potencial para funcionar.

La energía es poderosísima también para dar: uno no puede hacerlo si no la tiene. Por eso llénate de ese precioso material vital para dárselo al mundo que lo necesita de ti. Hay muchas personas que son muy egoístas, y una de las razones puede ser precisamente que no les alcanza la energía, tan sencillo como eso.

No debemos olvidar que la energía te ayuda a pensar y a decidir. Si una persona está energéticamente bien, cuando le preguntan algo responde de inmediato sí o no, pregunta fechas específicas y qué es lo que debe hacer, toma buenas decisiones de una forma más eficaz.

Verás, una vez estuve en un evento con Tony Robbins, que es uno de los talleres de motivación más caros y exitosos del mundo, y allí vi que todos brincaban. A mí no se me antojaba hacerlo y me preguntaba cuántos de ellos en realidad cambiarían su vida. Al cuarto día me dio por brincar y le pregunté a uno de los organizadores: ¿cuántas personas realmente cambian su vida en el primer año? Me voy a guardar el número, por discreción, pero lo que les puedo decir es que sin energía no hay cambio.

Ir a eventos con estos gurús no es la solución si no mejoras tu energía vital para lograr el cambio. Y es que la respuesta siempre está en ti. ¿Vas a tener los mismos amigos tóxicos? ¿Vas a seguir pensando que el dinero es malo? ¿Vas a seguir siendo sedentario? ¿Vas a seguir sin propósito real?

Las respuestas las tienes tú. Y la capacidad de cambiar, también.

Está probado que la gente que no emprende, no lo hace por miedo, sino por falta de energía. Para salir adelante por cuenta propia hay que subir el nivel energético. Ir sin ganas al trabajo es muy fácil, lo realmente difícil es emprender tu propio negocio sin potencial vital, porque en tres meses ya estás acabado por el estrés que produce emprender. El estrés es el peor enemigo de la energía vital.

Antes, toda nuestra energía se nos iba en perseguir mamuts. Hoy perseguimos cheques, clientes, prospectos. Por eso hay que dar energía todo el tiempo, para recibirla. Pasa igual que con el amor: para que te amen, tienes que amar; de otra manera no funciona.

Administra mejor tu energía, aprende a invertirla y regálala al mundo.

Podrás tener más amigos, salud, éxito, amor, buen sexo, dinero y, sobre todo, más prosperidad.

Tácticas para ser millonario

> "Es absurdo **pedir a los dioses** lo que cada uno es capaz de procurarse por sí mismo".
> —**Epicuro**

Es muy fácil volverte millonario en el sistema actual.

Todos podemos llegar a ser millonarios, pero muy pocos podremos ser felices y abundantes en todo. Millonarios hay muchos en esta era y en esta nueva economía que es absolutamente descarada y que se está resquebrajando. Este fenómeno permite que obtengamos dinero muy fácilmente, si somos capaces de notar cuáles son las cosas que están cambiando respecto del modelo antiguo.

El sistema se está quebrando en pedazos, y entonces, todo lo que se creía que funcionaba, deja de funcionar.

Piensa cómo ha cambiado el matrimonio, las religiones, la forma de hacer política, y algo que a mí me interesa mucho, la educación. Piensa cómo hasta hace no mucho tiempo se creía que para ser alguien de éxito tenías que ir a la universidad, pero hoy ya es cada vez más claro que ese no es el camino más rápido para llegar al éxito, y ni siquiera te lo garantiza.

Así, pues, todo el sistema está colapsando, y en medio de ese proceso las reglas del juego han cambiado a tanta velocidad que muy pocos sabemos cuáles son estas nuevas reglas, que por lo demás, son muy fáciles de entender. La clave para asimilar estas nuevas reglas es que debes desaprender las otras que te enseñaron, y ahí está lo verdaderamente difícil.

Hoy en día contamos con las personas y los vehículos correctos para captar de forma fácil y práctica la información que nos permita generar oportunidades y cambios. No importa en qué área de negocios te metas ahora, hay una gran oportunidad con las redes sociales. Es una locura todo lo que se puede hacer.

Desafortunadamente, cuando tienes mente pobre, no posees la capacidad de ver los errores del sistema, precisamente porque tú mismo eres producto de ese sistema. Tienes que estudiarlo, analizarlo, entenderlo y crear cosas nuevas. Recuerda que la mente pobre no se interesa en aprender algo nuevo, no quiere motivarse, trabajar en su autoestima y en su propósito de vida.

¿QUÉ HAY QUE DESAPRENDER Y QUÉ HAY QUE APRENDER?

Uno tiene que desaprender la manera tradicional de hacer las cosas. Es muy importante que sepas que no son obligatorios los títulos universitarios para ser exitoso y que no necesariamente hay que invertir cantidades exorbitantes de recursos para volverte rico. Sobre todo, debes entender que el verdadero éxito es todo un sistema balanceado que incluye al dinero, pero en el que este no lo es todo.

Ante todo, debes comprender que si no usas la tecnología como el rector de tus negocios, no vas a lograr lo que te propones. Y aunque te parezca obvio, **la tecnología es la clave para no subir costos operativos, gastos de renta y de empleados.** Aquellos **que no entiendan los negocios en la nube y las** *colaboration companies,* **no van a prosperar.**

Y es precisamente esta nueva realidad la que ha potencializado una nueva generación de emprendedores en todo el mundo.

Son los *millennials.* Tienen una conciencia verde, comen y piensan diferente, no quieren ser empleados ni tener jefes, poco les importa casarse. Su meta no es comprar casa, relojes de lujo ni carros, no se afilian a seguros, no quieren ir al supermercado y tampoco cocinar.

Su estilo de vida es muy particular y buscan modelos de negocio en los que puedan aportar un cambio de cultura global, tratando de hacer cosas de una forma más sostenible. Exigen absoluta movilidad y no son capaces de quedarse quietos. Ellos entienden que la vida es movimiento.

Los nuevos emprendedores y las nuevas generaciones están donde se encuentran los amigos, la pareja, la fiesta, y sobre todo en donde están las oportunidades. No es casualidad que hoy tú vas a cualquier aeropuerto del mundo y ves una cantidad extaordinaria de jóvenes, porque ellos saben que el mundo de hoy es globalizado y requiere movilización. Y todo es posible gracias a la tecnología.

Por otra parte, este entorno vertiginoso nos ofrece una ventaja única: podemos dialogar con cualquier persona del mundo sin siquiera movernos de la sala de nuestra casa, y los *millenials* y *centennials* lo saben. La tecnología nos permite ser omnipresentes. En los negocios eso es genial porque podemos estar despachando nuestros productos o servicios a 7, 8, 16 países al mismo tiempo, metidos en un portal desde donde te compran y te venden.

Ante este panorama, si tú no estás haciendo negocios con toda la tecnología a tu alcance, es porque sigues anclado a tu mente pobre.

A estas alturas, seguro ya te diste cuenta de que tienes mente pobre, y seguro que cargas muchas creencias, hábitos, actitudes que no te sirven en absoluto para conectarte con el dinero. Pero también ya estás haciendo algo para cambiar esa mente pobre. Justo es lo que hice yo cuando gracias a mi amiga hindú, que delató mi mente pobre, leí de un tirón el libro de T. Harv Eker. Lo leí no una sino varias veces. Fui a su conferencia y estuve saltando y gritando: "¡Quiero ser millonario! ¡Quiero ser millonario!". Y contraté a una psicóloga que no me sirvió porque ella tenía más mente pobre que yo. Y aunque parecía que eso no me servía de nada, la verdad es que yo creo que dentro de todos nosotros hay un gran maestro, así que todo eso me sirvió para luego ir perfeccionando mi propia metodología, hasta que funcionó. Y ahora yo te voy a regalar esa metodología.

"Un hombre es muy fuerte una vez que reconoce su debilidad".
—Honoré de Balzac

Voy a darte estrategias clave para hacer dinero. Para cambiar tu mente es necesario que comiences a hacer cosas inteligentes. Porque este mundo es para gente inteligente, gente que realmente pueda generar dinero. Ante todo es indispensable que cambies tu mentalidad. Te espera una revolución mental y eso es algo bueno. Entonces vamos a dejar por un momento la teoría y la ciencia, y vamos con cuatro tácticas como de soldado de guerra para ser millonario.

TÁCTICA 1: Haz de la tecnología no tu aliado sino el centro medular de tu negocio

Haz que la tecnología sea tu aliado para vender. Mata el negocio viejo y métete en el nuevo.

No importa qué negocio tengas, lo importante es que nunca digas "voy a usar la tecnología para vender un poco más". Estás jodido si piensas así. La tecnología no debe ser una parte de tu negocio, la tecnología debe ser el centro de tu negocio. La tecnología no es una buena herramienta, es la estrategia fundamental en el siglo XXI.

El que no implemente tecnología a su negocio se va a quedar fuera del mercado.

Y cuando hablo de tecnología no solamente me refiero a una herramienta para vender más. Aunque me duele decirlo, la tecnología también sirve para tener menos empleados y para pagar menos renta.

Te voy a poner algunos ejemplos. Si tú estás en el negocio de lavado de carros y dices: "Voy a hacer una app para lavar carros a domicilio y voy a hacer que este negocio de autolavado nuevo sea cinco veces más grande que el que tengo ahora", puede ser que te vaya un poco mejor.

En cambio, mira lo que pasa cuando piensas: "No, pues usando esta app, con que venda 15% más ya valió la pena". Entonces, si ya declaraste que vas a vender 15% más, eso es lo que vas a vender, y así no será un negocio millonario, será un negocio un 15% menos jodido. Y lento de crecer, porque tu crecimiento está sujeto a grandes gastos en renta, empleados y *marketing*.

Pero existe otra manera de ver las cosas. Si tú dices: "¡Al carajo, a vender mi autolavado para luego abrir una segunda empresa que solamente va a lavar carros por app a domicilio!", te vas dar cuenta de que en tres, cuatro o cinco meses, ese negocio es el doble de grande que el otro. No solo porque usas la tecnología para vender, también porque tu competencia paga una renta costosísima.

Entonces, la pregunta importante es: ¿Cómo puedo, mediante la tecnología, encontrar clientes a quienes lavarles los carros en su propia casa? Llego en moto, lavo tu carro con tu agua y me ahorro la mía, no pago renta, ahorro espacio y empleados. Además, se puede vender en la comodidad de la casa del cliente, y eso les gusta a todos: no tener que moverse para satisfacer sus necesidades. Listo, negocio millonario para esta época.

Un lavacarros genera más dinero él solo en la moto que pagando un local, tan sencillo como eso.

Me encantaría conocerte para ayudarte con tu negocio. Porque no solamente es cosa de tener mentalidad de millonarios, también es importante tener estrategias. Piénsalo de esta manera: Estrategias más mentalidad es igual a conectarte con el dinero.

TÁCTICA 2: No hagas negocios que no se puedan escalar o que no tengan la capacidad de fácil expansión e internacionalización

¿Qué significa esto? Vamos a pensar que tienes un restaurante. Con un aforo de unas 130 personas. ¿Qué vendes? ¿Qué tipo de comida? ¿Desayunos y cenas también? ¿Almuerzos ejecutivos? Luego ves tus cuentas y descubres que apenas vas saliendo a flote. ¿Te gustaría invertir todos tus ahorros en abrir otro restaurante? ¿Otros tres?

Se ve difícil, ¿no crees?

Para empezar, por eso yo no invierto en restaurantes. Es un negocio horrible, tienes que pelearte con el chef, con los cocineros, con los meseros, con los comensales, pagar rentas, sindicato, etcétera. ¿Sabes a cuántos grandes restauranteros conozco que han quebrado? Negocios grandes, buenos clientes. Pero al final del día, poca utilidad. Porque tener un restaurante en serio es un negocio muy jodido.

Compraste este libro porque quieres ser millonario. ¿Sabes lo difícil que es ser millonario con un restaurante? Conozco al mejor restaurantero de Colombia y no es millonario: tiene dinero, le va bien, pero no es millonario. **¿Sabes quiénes hoy se están haciendo millonarios? Los chicos de 25 años, de 30** años, **en su casa tonteando con la computadora.** Eso es lo que tienes que entender: estamos en una nueva era.

A estas alturas del siglo XXI debes pensar en un negocio que se pueda escalar. ¿Qué significa eso? Que podemos abrir diez este mes, diez el siguiente. Qué tal ese negocio de lavado de automóviles, ¿puedo escalar diez de esos en un mes? Es imposible, a menos que te consigas a un inversionista loco. Pero qué tal si yo te digo: "Pongamos diez motos andando por la ciudad, lavando carros". ¿Se puede? Claro que se puede, eso es más escalable.

¿Y qué tal si el modelo nos funciona y en vez de vender en Lima, en Santa Cruz o en Tucumán, nos llevamos la tecnología para vender motos que lavan carros a domicilio a México? Por ejemplo, a Guadalajara, Puebla o Monterrey. ¿Crees que eso puede funcionar? ¿Lo podemos internacionalizar a mucha velocidad? ¡Sí!, porque es tecnología y se repite, se escala, se duplica como los Gremlins.

Seguro te acuerdas de la película… a los Gremlins les echabas agua y al instante se duplicaban, se triplicaban, se quintuplicaban. Así que **haz negocios tipo Gremlin, negocios que se puedan multiplicar con agua.**

Recuerda: No hagas negocios que no se puedan escalar ni tengan la capacidad de fácil expansión internacional.

¿Y cómo se logra esto? Céntrate en la tecnología. Un negocio millonario aprovecha la tecnología para volverse fácilmente escalable y replicable. Un negocio millonario es el que está en una nueva era: la era tecnológica.

TÁCTICA 3: Trabaja con productos o servicios con mínimo, ¡mínimo!, el 40% de margen de utilidad

Hay muchos empresarios que viven engañados. Creen que tienen el 35% de utilidad, pero en realidad solo obtienen 7% u 8%. Si tú tienes un negocio, el que sea, y al final del mes tienes un 8% de ganancia, estás jodido. Y te voy a decir una cosa: yo no hago nada, ningún negocio en mi vida, que no tenga mínimo el 60% de margen de utilidad. Cuando me dicen: "Oye, este negocio es bueno, ofrece un 25% de ganancia", no le entro, no me interesa.

Seguro ahora te estás preguntando qué negocio es ese que te deja 60% de margen de ganancia. Es bien simple: un producto que vale 30 centavos de dólar y que aquí mismo, en tu ciudad, se vende en 15 dólares. ¿Existe eso o no? Claro que existe. La clave es ¡Cómpralo en China!

Hay muchas cosas que tienen un alto margen de utilidad. Calcetines y zapatos, por ejemplo.

Puedes comprar zapatos en China por unos 7 dólares y venderlos luego en 100 dólares. Y si no me crees, investiga cuánto cuesta hacer los zapatos que traes puestos. Cualquier cosa que compres barata allá y la vendas acá, es un buen negocio.

Hay una fórmula muy linda, que es una tontería y abunda en internet, y que sirve para obtener buenos márgenes y ganar un millón de dólares.

PARA TENER UN MILLÓN DE DÓLARES NECESITAS:

1. **5 000 PERSONAS** que te compren un producto de US $200
2. **2 000 PERSONAS** que te compren uno de US $500
3. **1 000 PERSONAS** que te compren uno de US $1 000
4. **500 PERSONAS** que te compren uno de US$2 000
5. **300 PERSONAS** que te compren uno de US $3 338
6. **5 000 PERSONAS** que paguen US $17 cada mes, durante 12 meses
7. **2 000 PERSONAS** que paguen US $42 cada mes, durante 12 meses
8. **1 000 PERSONAS** que paguen US $83 cada mes, durante 12 meses
9. **500 PERSONAS** que paguen US $162 cada mes, durante 12 meses
10. **300 PERSONAS** que paguen US $278 cada mes, durante 12 meses

Las cuentas son muy sencillas y deberías partir entendiendo esto. ¿Dónde está mi producto y qué debo hacer para llegar a ese primer millón de dólares?

La mente pobre piensa que vendiendo 150 dólares al día en pizzas, con eso se hace buen dinero, pudiendo pensar cómo hacer un millón de dólares inventando un producto de $200 dólares para 5 mil personas. Yo con esta fórmula me gané mi primer millón de dólares en la nube. Hice cursos en los que 5 mil personas pagaran 17 dólares al mes por 12 meses.

Hay que pensar en un producto que sea sano, perdurable, rentable, bueno, y que ayude a la gente, pero que también me haga millonario. Además, hay que tener en cuenta que herramientas como Facebook, YouTube e Instagram son totalmente gratis y pueden ser los mejores amigos de tu negocio.

TÁCTICA 4: Hackea tu sector o industria, nunca hagas lo mismo todos los años

Esta estrategia me encanta. ¿A qué me refiero con *hackear* tu sector o industria? Probablemente has escuchado alguna vez el término *hackear*, que es tan común que ya aparece hasta en el diccionario. Significa "acceder sin autorización a computadoras, redes o sistemas informáticos, o a sus datos".

Hackear se aplica normalmente para los piratas informáticos, pero en este caso vamos a usarlo en un sentido diferente. Más que "piratear", a lo que me refiero con que hackees tu sector o industria es que nunca hagas lo mismo todos los años, que seas creativo y busques soluciones diferentes. Para que revoluciones la industria y todos esos beneficios sean a tu favor.

Tú dime en qué industria estás y yo te digo como la hackeamos. Una forma de hackear es nunca más pagar renta, nunca más pagarle a vendedores. Por ejemplo, si seguimos con el ejemplo del calzado, tú puedes buscar los mejores diseños de Italia e inspirarte en ellos para luego mandar a fabricar todos los zapatos en China. Los compras en 20 dólares, los vendes en 100 por internet. Los entregas a domicilio, te pagan en efectivo y mandas al carajo a toda la cadena.

¿Sabes dónde está la mejor zapatería de Latinoamérica? ¡En una moto! El zapato te llega en una moto, sin intermediarios, directo a tu casa. ¡Es un negocio increíble!

Te voy a contar cómo compré mis zapatos. Me costaron 1 500 dólares y son, obviamente, de color negro. Los pedí por internet, talla 10. El sistema informático  del vendedor le dice que es mejor llevar tres tallas: del 9, del 10 y del 11, por si las dudas. Y ese mismo sistema sugiere, basado en mis preferencias, llevar otros dos modelos que puedan gustarme. Entonces el algoritmo escoge los zapatos, el vendedor los mete en la caja de la moto y sale. Y cuando llega conmigo me dice: "Pruébatelos, yo te espero aquí, afuerita de tu casa". Me pruebo todos y me quedo con dos pares. Le pago con tarjeta de crédito, ¡pum! ¡El negocio tradicional se acabó! ¡Hackearon el sistema!

Te voy a decir una cosa. Las grandes cadenas y los grandes *shopping centers* están quebrando, porque la gente va a dejar de comprar como lo hace ahora, yendo al local comercial. En Miami, por ejemplo, de cada tres locales qué hay en Lincoln Road, la calle más interesante de toda la Florida, por cada tres locales hay uno quebrado. ¿Qué está pasando? Los negocios no dan para pagar renta, hackearon el sistema de la gente que compraba en Lincoln Road y ahora ya no compran ahí, compran en Instagram o compran en internet.

Yo puedo hackear el sistema que quieras. Ya hackeé el sistema educativo, en Klarić Academy tenemos 6.4 millones de estudiantes en tan solo cuatro años de existencia. Hackeamos el sistema educativo, ¿qué queremos hackear ahora? Dime cualquier negocio que se te ocurra.

Te voy a contar sobre un caso real. No es mi caso, ya quisiera que fuera mío, pero es impresionante. Mi hija se llama Daniela y tiene 19 años. Vive en Los Ángeles y tiene 12.5 mil seguidores porque es una artista interesante, se llama Dany Klarić, es fotógrafa y hace videos profesionales. Un día le llegó un paquetito, yo estaba con ella, lo abrió y dijo: "¿Y esta tontería?".

Era un sistema, unos moldes para blanquear los dientes. Como no le interesaba y ella tiene los dientes muy sensibles, ni siquiera lo usó. Al día siguiente le marcan por teléfono. "Hola, Daniela, ¿cómo estás? Felicidades por tener tantos seguidores en Instagram. No sé si viste, te mandamos un regalo por correo. Déjame contarte algo: somos el blanqueador más efectivo y somos el único blanqueador orgánico en los EEUU, gracias a eso no te genera sensibilidad en los dientes. Te quiero proponer un trato: ¿por qué no pruebas el blanqueador? Si te funciona, te voy a pedir por favor que, en agradecimiento, me regales un post. Y si tú me regalas un post, yo te voy a dar todo el tratamiento gratuito".

Daniela dijo "Ok, déjame pensarlo. Adiós". Agarra el paquete y me dice: "Oye, papá, esto es orgánico, lo voy a probar". Se lo pone y se blanquea los dientes, luego se saca una foto y la sube a su Instagram. "No saben qué blanqueador tan increíble, miren mis dientes". ¡Esa empresa vende 90 millones de dólares en blanqueadores usando niñas de 19 años que se la pasan viendo el Instagram! A eso le llamo hackear el sistema.

Pero no se trata solo de blanqueadores, sino de toda la industria. En este caso, ya que estoy hablando de esto, veamos qué pasa con los odontólogos. No todo te puede llegar por correo: ellos ponen puentes, frenos, tienes que ir a consulta. Perfecto, vamos a hackear el sistema. Hay unos consultorios que se llaman Dentix, son españoles pero se están expandiendo por todo el mundo. Abren un consultorio que es una cosa impresionante, le meten dos millones de dólares. Todos los tratamientos están garantizados a seis meses sin intereses y valen la mitad que toda la competencia. Hackearon el sistema.

¿Quieres hackear una pizzería? Abre una fábrica, que nadie sepa ni dónde está, y solo ten distribuidores que entreguen el producto. Mientras no están entregando a domicilio, les dices que repartan volantes y tendrás una gran industria.

Eso es hoy Rappi, una empresa de dos billones de dólares con muy pocos costos. Empezó con tres chicos jugando y hoy tienen 5 mil Rappi Tenderos, que ni siquiera son trabajadores de ellos. Eso es hackear el sector, ellos lo hicieron con el campo de los alimentos. Airbnb hackeó los hoteles, Uber los taxis. Drobbit el alquiler de carros y Xun de Paypal o Nequi de Bancolombia, las transferencias de dinero.

¿Cuánto va a durar la posibilidad de hackear los sectores? No lo sé, pero la gente rica se hace cada vez más rica porque el resto del mundo está dormido frente a este panorama tan maravilloso.

¿Quieres hackear un puesto de tortas? ¿La forma en que das clases? ¿Tu negocio de lo que sea? Te propongo algo: ¿Por qué no, en vez de seguir poniendo ejemplos, mejor hackeamos tu mente? Porque no necesitas que Jürgen te diga qué hacer, necesitas entender el modelo.

Tú eres el campeón, tú eres el maestro, tú eres el genio. Yo te enseño el modelo, tú hackeas tu industria.

Porque de eso se trata este libro. De hackear tu mente, de enseñarte cómo, si tienes mente de millonario, vas a ser millonario en serio.

Competencias y actitudes de la mente rica

Competencia significa querer algo al mismo tiempo que otros, así que cuando hablamos de una competencia deportiva significa que todos los participantes buscan alcanzar el primer lugar. Esta rivalidad se da también entre las empresas de un mismo sector, aunque en vez de trofeos, las empresas luchan por los clientes.

Las competencias también se refieren a las habilidades de cada persona, y al conocimiento necesario para cumplir sus metas. Por esto es que en los negocios se habla de competitividad cuando una empresa tiene las fortalezas adecuadas para destacarse entre las otras opciones de su ramo.

Así como las competencias determinan la capacidad de éxito de una empresa, también son determinantes para el éxito de las personas: la capacidad de establecer y cumplir sus objetivos, la calidad del servicio, saber escuchar a los clientes y tener una buena comunicación con ellos, honestidad, empatía, inteligencia emocional, entre muchas otras.

Una cosa importante de las competencias es que deben actualizarse constantemente.

Lo que te funcionó ayer, puede fallar mañana. Es por esto que las competencias deben adaptarse al mercado. Para la década de 2020 se calcula que la interacción humana ya no tendrá la misma importancia al momento de realizar una compra, incluso hay estudios que dicen que el 85% de la gestión de clientes se llevará a cabo de manera no presencial.

Es una cantidad enorme, en especial cuando pensamos que apenas hace diez años todavía debíamos ir al súper o para comprar ropa debíamos caminar de tienda en tienda, elegir lo que nos gustaba, ir a los probadores, hacer fila en la caja. Es algo que Amazon entendió desde hace mucho tiempo: los compradores del futuro no van a querer ir al centro comercial ni trasladarse a un local hasta el otro lado de la ciudad. Lo que quieren es comprar desde su teléfono, tres clic y adiós, al otro día te llega el producto.

Otro dato importante es que el 44% de los consumidores menciona que le gustan las marcas que les ofrecen ofertas en sus teléfonos móviles. En México, actualmente, Telcel es una de las empresas que cada vez hacen más promociones, paquetes, servicios y planes para engancharte porque saben lo que te gusta.

Y cada vez otorgan más beneficios a sus clientes porque Telcel entiende bien la competencia de saber negociar.

Pero no tienes que ser Telcel para desarrollar tus competencias. Durante mis estudios, aparte de las competencias antes mencionadas, he identificado ciertas competencias específicas que se encuentran en todos los millonarios. Son de esas cosas que uno quiere tener de forma mágica dentro de su corazoncito, para ponerlas a trabajar a tu favor, y aquí te las voy a decir.

1ª COMPETENCIA: REINVERSIÓN Y ADAPTACIÓN

Esta es una competencia que mucha gente del mundo no tiene. Gana dinero y se gasta el dinero. Yo le invertí a mi carrera 13 años de mi vida sin ganar un clavo. Todo lo perdía por mente pobre, en vez de reinvertir; el dinero se me iba de las manos tan rápido que ni cuenta me daba. Llegó un punto en que, sin importar lo que ganara, siempre estaba quebrado. De la última casa que tenía, ya solo me quedaba el 30%, porque el 70% restante de su valor era del banco. Decidí venderla y le dije a mi ex esposa: "Mi amor, apóyame, voy a comprar un casco electrocientífico para estudiar la mente humana". Me dijo: "Tú estás loco, en serio. O sea, ya quebramos, deja en paz tu casa".

Yo le respondí que confiara en mí, que con esa casa que iba a vender ahora, en el futuro íbamos a tener para tres casas. Y ella me dijo: "Confío en ti, véndela y cómprate tu maldito casco".

Y durante 13 años seguí invirtiendo en ciencia, en científicos, en aparatos, porque yo creía que iba a lograr algo. Compré mi casco y me equivoqué, no me dio para tres casas, me dio para diez. Por eso es tan importante la competencia de la reinversión y la adaptación. Porque en esos años que tardé en hackear el sistema, me venía abajo, me levantaba, me venía abajo, me levantaba.

**"No puede uno ser valiente si le han ocurrido solo cosas maravillosas".
—Mary Tyler Moore**

Así pasaron siete, ocho, nueve años. Con cada año me convertía yo en un tipo diferente, me iba adaptando.

Siempre me estoy adaptando, el año pasado hablaba de un tema, hoy hablo de otro tema.

El año pasado vestía de una forma, ahora visto de otra forma. Y durante todo el proceso comprendí algo muy importante.

El mundo no cambia porque tú no cambias, es tan sencillo como eso. Y si quieres cambiar al mundo, tienes que reinventarte y adaptarte una y otra vez.

2ª COMPETENCIA: TRABAJAR EN EQUIPO

Esta es una competencia que nos hace mucha falta. La competencia de trabajar en equipo y hacer un reparto justo a todas las personas con las que colaboras. Porque hay muchas personas que trabajan en equipo, pero a la hora de que cae el dinero, te dicen: "No, papacito, este dinero es mío, tú no te metas".

Entonces hay que repartir el dinero, hacer que todos crezcamos. Yo soy amigo de las personas con las que trabajo. Hacemos buen dinero, todos ellos ganan mucho dinero porque yo sí reparto el dinero. Escuchamos, cambiamos, mejoramos, nos ayudamos mucho y repartimos, repartimos, repartimos.

Conmigo todo el equipo tiene que ganar dinero. El que no gana dinero es porque no sirve en lo que hace o porque el negocio no sirve para nada. Pero son excepciones. La verdad, te lo digo en serio, por mí que todos mis colaboradores se hagan millonarios.

Porque cuanto más se hacen millonarios ellos, mejor me va a mí. ¿Y sabes qué es lo mejor? Todos ellos me adoran, no solo porque los ayudo psicológica y emocionalmente, en mentoría y *coaching*, también porque conmigo hacen dinero.

Pero normalmente no sabemos eso, no tenemos la competencia del trabajo en equipo y menos la capacidad de repartir dinero al equipo.

Déjame contarte algo: si algún día eres entrenador mío, vas a tener un reto. Yo te digo: "Si sales de este taller y tú vendes tres talleres, te regalo cualquiera de mis talleres, sin hotel ni comida; si vendes cuatro, te regalo el taller que quieras con hotel y comida".

Para serte honesto, son bien pocos los que salen y los venden. Pero ese no es el premio. Esa es solo la manera en que yo te descubro. Me habla una chica y me dice: "Jürgen, ya vendí cuatro talleres, quiero el gratis". Y yo le digo: "Felicidades, aquí está el gratis, pero déjame decirte una cosa. Te quiero contratar".

No creas que le ofrezco ser mi empleada, porque no la quiero ni a ella ni a nadie de empleados. Es una chica maravillosa, en vez de emplearla, quiero que sea mi socia.

¿Te sorprende que piense así? No debería. ¿Con quién crees que me conviene asociarme? Pues con alguien que está capacitada, que demuestra que sabe vender, es disciplinada, es trabajadora, ya dio resultados. Con esa persona es con la que te vas a asociar, si no con quién.

¿Cuántos empresarios están trabajando en equipo porque les conviene y no reparten nada, reparten tres migajas y la gente se les va en seis meses o en un año?

Entonces aprende a trabajar en equipo, pero antes de todo aprende a repartir el dinero con tu equipo.

3ª COMPETENCIA: SUBORDINACIÓN INTELIGENTE

Subordinación es una palabra que puede sonar demasiado fuerte. Algunas personas que me han escuchado hablar de subordinación inteligente me lo han dicho. "No uses esa palabra, es horrible. La gente nunca va a querer ser subordinada".

Pues te voy a explicar cómo funciona eso. Si a mí un día me habla Tony Robbins, el orador motivacional más famoso del planeta, y me dice: "Jürgen, quiero que me cargues la toalla y mi bandera porque voy a ser candidato a la presidencia de EEUU", yo de inmediato estoy allí para cargarle las maletas, llevarle su café o lo que se le ofrezca. "Señor, estoy a sus órdenes".

Porque así soy, así me educaron. No le tengo miedo a trapear ni a hacer cosas "por debajo de mi nivel" o como se piense. Todo lo contrario. Yo siempre estoy dispuesto a subordinarme de forma inteligente. E insisto mucho en esto de inteligente. Porque si es Donald Trump el que me habla y me dice: "Jürgen, ven a cargarme las maletas", lo mando directo al carajo. Porque esa no sería una decisión inteligente. Yo no me subordino a un tipo como ese, ni loco,

pero sí estoy dispuesto a hacerlo con gente de la que pueda aprender, con gente que valga la pena.

Probablemente pienses diferente, probablemente digas: "Yo nunca le cargaría las maletas a Jürgen". Pero eso solo lo piensa el mente pobre. Porque tanto tú como yo tenemos que estar dispuestos a cargarle las maletas a quien sea, siempre y cuando sea una decisión inteligente. ¡Ojo! No es cuestión de ser un esclavo, se trata de ser inteligente y trabajar para gente inteligente, gente que no solamente te pague con dinero, sino con buena energía y con sabiduría, porque gracias a eso es como te conviertes en una gran persona.

Todos en el mundo tenemos a alguien a quien subordinarnos. "No, yo no. No con ese tipo que me cae mal". Si has pensado esto alguna vez, es que tu mente pobre está hablando por ti. Y repito: No te estoy diciendo que le trabajes a cualquiera, pero debes entender que, de alguna manera, todos somos empleados de alguien. Hasta el presidente de Estados Unidos o el de China es empleado del pueblo, y tiene una responsabilidad tremenda.

Entonces, la subordinación inteligente es un concepto que me encanta. Lo siento en el corazón porque toda la vida he sido un tipo muy humilde, muy sencillo, muy austero, muy básico. Yo te digo "wow, yo te ayudo, aunque sea cargándote las maletas".

¿Y cuál es el problema? Hay gente que podría enojarse por esto, quizá sentirse humillada o rebajada. La verdad es que nadie es menos persona por cargar unas maletas.

Me encanta ese tema, de verdad me encanta, porque es una competencia excepcional y pocos tenemos la capacidad de agachar la cabeza y decir "a tus órdenes".

4ª COMPETENCIA: ESCUCHAR Y DETECTAR OPORTUNIDADES

Las personas que estamos conectadas con el dinero somos como sabuesos. O sea, olemos todos, miramos todo, hablamos con todo el mundo. Vemos a una persona interesante y decimos: "Mira a ese tipo, ¿quién es? Cuéntame de él". Si me interesa lo que escucho, hago todo lo posible por conocerlo. Si no, vamos a conocer a más personas.

Y ocurre también al revés. Mucha gente está interesada en conocerme, mucha gente va a mis talleres porque simplemente quieren venderse conmigo y dicen "Voy, aprendo, y de paso aprovecho para venderme".

Entonces van con Felipe y le dicen: "Oye, dile a Jürgen esto, dile a Jürgen esto otro". Y Felipe va conmigo, me cuenta y yo le pregunto: "¿Quién era? ¿Dónde vive? ¿A qué se dedica? ¿Cuál es su reputación?". Y de ahí decido verlo si me interesa, o decirle que no me interesa y punto.

Es curioso porque analizamos 15 casos de negocios en cada curso, es lo que hay por detrás del *master training*. Y entre esos 15 elegimos dos. Y le digo a Felipe: "Invítalo a cenar, quiero escucharlo más". Porque esa es la verdad: no quiero hablar, yo hablo todo el tiempo. Lo que quiero es escucharte. Por eso te digo que somos sabuesos, somos gente que estamos todo el tiempo escuchando, oliéndote, estudiándote, mirándote, poniéndote pruebas para saber si trabajamos contigo o mejor de una vez dejamos de perder el tiempo.

Hay mucha gente que quiere hacer negocio conmigo, pero yo sé muy bien cómo seleccionar. Eso no quiere decir que no te escuche, porque el que deja de escuchar, deja de ganar. Cuando tú sientes que ya no tienes nada ni a nadie a quién escuchar, estás jodido.

Te voy a contar algo: Hoy mi empresa es una empresa millonaria, pero se la debo a un chico de Huancayo. Se llama Josué y lo descubrí en Lima. Lo escuché, lo escuché, lo escuché y percibí algo en él, una oportunidad. Entonces empecé a pagarle cursos, lo regañaba, lo volvía a escuchar. Y mi instinto tenía razón, porque hoy es mi socio y vive en Colombia conmigo. Si yo no hubiera escuchado a ese mocoso, no tendría lo que tengo ahora.

Escuchar es clave y el ser humano ha perdido la habilidad y la capacidad de escuchar, en vez de eso solo queremos hablar.

Una competencia vital para un millonario que se conecta con el dinero es escuchar. Los millonarios no escuchamos a todo el mundo, pero tenemos a otros que escuchan a otros y nos informan. Nunca nos cerramos: siempre tenemos a esas personas escuchando para nosotros.

Entonces hazte un favor: deja de hablar y comienza a escuchar. Permanece atento, conviértete tú también en un sabueso.

Eso se aplica también a la hora de detectar oportunidades.

Seguro conoces a Jeff Bezos, el dueño de Amazon, que es ahora el hombre más rico del mundo según la revista *Forbes*. Su fortuna se calcula en más de 300 billones de dólares. Pero Jeff Bezos no empezó siendo rico. Su padre era alcohólico y abandonó a su familia cuando Jeff era niño. De hecho, Ted Jorgensen, el padre biológico de Jeff, se enteró apenas en 2012 del éxito de su hijo, y eso porque unos periodistas fueron a verlo. (Murió tres años más tarde; nunca habló con su hijo ni lo vio personalmente).

Cuando Jeff era joven, entró a trabajar al rancho de sus abuelos. Como sus padres estaban preocupados de que le gustaran tanto los libros, lo obligaban a jugar futbol americano. Estudió en Princeton y soñó con tener su propia empresa. Pero en vez de eso, lo contrató una *startup*, luego entró a trabajar a Wall Street.

Cuando en 1994 se da el *boom* de internet, por fin se animó a abrir su propia empresa. Para entonces, su mamá ya se había casado con Miguel Bezos, el padre adoptivo de Jeff, (de quien tomó el apellido). Total, sus padres le pidieron que no renunciara a la seguridad de un trabajo fijo pero Jeff no les hizo caso y abrió una pequeña empresa llamada Amazon.

¿Crees que cuando empezó tenía una oficina de lujo y veinte secretarias? ¡No! Él mismo empacaba los libros y los enviaba. Cuando comenzó la tendencia de los libros electrónicos, fue el primero en apostarle a esa tecnología. Con el tiempo, la venta de libros electrónicos en Estados Unidos superó a la venta de libros en papel, para entonces Amazon ya había escalado su oferta de productos. En 2019, la compañía de Jeff Bezos vende más de 600 millones de artículos diferentes. ¡Y un millón de productos más se agrega cada día!

Piensa qué habría pasado si Jeff Bezos hubiera seguido el consejo de su familia de conservar su empleo y jugar a la segura. Ahora no existiría Amazon, una de las empresas más importantes del mundo. Y él sería un mente pobre más, trabajando de asalariado.

Lo que hace único a Jeff Bezos es que detectó una oportunidad, confió en sí mismo y siguió adelante.

Es lo mismo qué pasó con Starbucks. Mira su caso: Jerry Baldwin y Zev Siegel eran profesores de inglés e historia, su otro socio era el escritor Gordon Bowker. Abrieron una cafetería llamada Starbucks, especializada en café molido. Entonces llegó a trabajar con ellos Howard Shultz, un visionario que les propuso crear una experiencia íntima, hackear el negocio de la venta de café. Los propietarios lo rechazaron, pero Shultz abrió su propia cadena de cafeterías. Le fue tan bien que, en 1987, les compró a sus antiguos jefes el negocio. Y es allí cuando de verdad nació Starbucks: Howard Shultz lo transformó. Para 1992 generaba ganancias de más de 90 millones de dólares. Para 2000, la cadena contaba ya con 3 500 tiendas en Estados Unidos y generaba 2 mil millones de dólares al año. Actualmente, Starbucks gana más de 16 mil millones anuales y tiene sucursales en más de 65 países.

Existen muchos casos como estos. Bill Gates, el dueño de Microsoft; Steve Jobs, el fundador de Apple; Mark Zuckerberg, el creador de Facebook. Estos millonarios tuvieron la capacidad para detectar las oportunidades de su mercado y luchar contra viento y marea para aprovecharlas. Ellos también eran sabuesos de las oportunidades.

"Llorar, sí; **pero llorar de pie, trabajando**; vale más sembrar una cosecha que llorar por lo que se perdió".
—Alejandro Casona

ACTITUDES

Los millonarios tienen siempre una actitud potente; en cambio, el mente pobre llega a ser negativo o hasta mala leche, siempre quejándose y echándole la culpa a otros: al gobierno, a la sociedad, a sus circunstancias, a su suerte.

El millonario siempre está tirado para adelante, buscando nuevas maneras de hacer dinero, planeando, decidiendo, actuando, mejorando. Y cuando tú eres el mente pobre, dices: "¡Ay qué ególatra este tipo, como que se cree que es lo máximo!". Pero no, lo que pasa es que tú te sientes poco. Ese es el problema, así de sencillo.

Por eso la actitud es tan importante, porque determina el estado de ánimo con que emprendes las cosas.

Cuando piensas que tu trabajo es horrible, estás teniendo una actitud negativa que hace que todo te parezca mal, y entonces todo se vuelve difícil, nunca das el 100% y lo único que estás deseando es escaparte, que llegue el fin de semana para irte a ver el futbol o salir con tus amigos, para poner tu mente en pausa y desentenderte de todo hasta el siguiente lunes.

Es triste porque la mayoría de los empleados se sienten así: frustrados y atrapados por algo que ni siquiera les gusta. A pesar de que su instinto les dice que debe de haber algo mejor, que podrían hacer algo más, su mente pobre los detiene: les dice que es preferible seguir en ese sitio, sin arriesgarse, cobrando la quincena que les llega segura.

Por eso los millonarios resultan tan increíbles. Para ellos no hay fines de semana, se levantan temprano, casi casi les urge volver al trabajo. Porque les encanta lo que hacen, están tan conectados con el dinero que eso que para los otros es "chamba" para ellos es un placer. No dan el 100% en su trabajo, ¡dan el 500%! Están siempre dispuestos a tomar riesgos, a salir de su zona de seguridad, porque saben que quedarse ahí solo va a detenerlos. Sus actitudes son una programación para hacer las cosas y que les salgan bien.

Entonces, si en verdad quieres conectarte con el dinero, tienes que cambiar de actitud.

¿Cómo vas a lograrlo? Identificando las actitudes negativas y modificándolas por actitudes que te conecten con el dinero.

1. ACTITUD AUTÉNTICA, DIFERENTE Y DISRUPTIVA

Lo primero para conectarte con el dinero es tener una mente y una codificación de millonario. Para eso debes ser completamente auténtico. Hay una colección de ropa que me gusta mucho. Es de Philipp Plein, se llama Money, y en esa colección todo gira en torno al dinero. Tiene una playera con la imagen de un Pac-Man devorando signos de dólares y la leyenda: MONEY EATER. Quizá para un mente pobre esto sea demasiado ostentoso. Pero tienes que adoptar una actitud abierta, una actitud de millonario. No sentirte menos cuando ves a una persona con dinero, no sentirte menos cuando alguien muestra su riqueza. En vez de eso, deberías sentir admiración. Admiración, respeto y curiosidad por saber más de esa persona, seguir sus consejos y escuchar qué tiene que decir.

Tú también **puedes aprovechar esa experiencia a tu favor** y adoptar una actitud auténtica, diferente y disruptiva.

Cuando yo era niño me vestía para mi mamá. Cuando me fui volviendo adolescente, me vestía para mi novia y para mis amigos, que me jodían todo el tiempo y me hacían mucho *bullying*. "¡Qué zapatos tan jodidos, no mames, ¿no tienes para Nike?". Luego me vestía para mis clientes y para la sociedad, luego para mi esposa y así. Hasta que un día dije: "¡Al demonio todos!". Fui y me compré la ropa que quise y soy feliz.

Por eso me vale un carajo si te gusta o no te gusta cómo visto. Por eso visto totalmente de negro y sin problemas lo combino con colores llamativos, de esos que no les gustan a mucha gente y que otros les dicen "para que te jodas la pupila". A esto le llamo una actitud disruptiva. Rompo así con los esquemas, causo un cambio inmediato en la percepción que los demás tienen de mí.

Siendo auténtico como soy, termino cayéndole mejor a todo mundo que si fuera un hipócrita. Porque la gente percibe esas cosas y las agradece porque se da cuenta de que eres un tipo derecho. Eso vale mucho.

Pero cuando uno no está seguro de quién es, siempre está tratando de agradarle a todo el mundo. En serio, qué cansado tratar de agradarle a todos, ¡porque además es jodidamente difícil lograrlo!

Si yo te caigo bien, bienvenido; si te caigo mal, más bienvenido.

Gracias a los *haters*, a los detractores y a todos los que me tiran duro en las redes. Gracias a ellos soy quien soy. Gracias a ellos el algoritmo de mi Facebook trabaja todo el día y mi página aumenta, en promedio, en más de 150 mil seguidores al mes sin meterle un solo dólar.

Cuando yo me dedicaba al neuromarketing, hubo un tipo que se la pasó diciendo que eran "neuromamadas", y lo único que logró fue hacerme un favor. Me mandó 350 mil seguidores porque todos querían saber quién era el "neuromamadas". Con el tiempo se dio cuenta de que el "neuromamadas" era él, porque su influencia no creció pero la mía sí. Yo lo quiero mucho, mucho.

Ahora, ¿qué significa *disruptiva*?

En palabras del creador del término, Clayton M. Christensen, investigador de la Universidad de Harvard, tal y como explica en su libro *The Innovators Dilema: When New Technologies Cause Great Firms to Fail,* lo *disruptivo* marca una ruptura brusca, un cambio radical en muy poco tiempo. Piensa en cómo los teléfonos inteligentes cambiaron al mundo en solo unos años. O cómo el *streaming* de películas cambió repentinamente nuestra manera de ver la televisión. Grandes empresas como Blackberry o Blockbuster quebraron en unos cuantos años debido a la *innovación disruptiva*.

2. ACTITUD SIN RODEOS Y SUMAMENTE DESAFIANTE

Una actitud sin rodeos es una actitud de millonario. ¿Cómo funciona una actitud sin rodeos? Cuando alguien te propone algo que no te interesa y se lo dices así, directamente: "No, no me interesa". No me interesa comprarte tu casa, no me interesa entrarle al multinivel, no me interesa ese negocio. En cambio, cuando las cosas te llaman la atención, también lo dices directamente. "¡Va, eso me interesa! Vamos a darle duro tú y yo, y te comprometes conmigo". Esa es una actitud sin rodeos. Una actitud de millonario.

Como los mente pobre nunca pueden decirte que *no* directamente, prefieren responder: "Déjame pensar, háblame el próximo mes". ¿Sabes cuándo yo le he dicho a alguien "háblame el próximo mes?".

Son puros rodeos, y los rodeos te roban energía.

Cuando alguien me propone algo y no me interesa, se lo digo de inmediato. Y si alguien se acerca conmigo, me propone algo y me importa su oferta, también se lo digo en ese momento. Eso se aplica a todo en mi vida, incluidas mis relaciones personales.

Cuando yo conocí a mi primera esposa, llegué con ella y le dije: "Tú me encantas y yo me voy a casar contigo y tú vas a ser la mamá de mis hijos". Me miró y me dijo: "Ay, qué convencido este, pobrecito". Así me lo dijo, en mi cara. Yo le respondí: "Piensa lo que quieras, adiós". Volví tres meses después porque venía saliendo de otra relación y le dije: "Ya estoy listo, ahora sí, ¿quieres entrarle o qué?".

Ahora ella es la mamá de mis hijos y la conquisté porque tuve con ella una actitud sin rodeos. Nada de "sí me gustas, pero déjame ver". Directo al grano, duro y a la cabeza. Una actitud sin rodeos es lo máximo.

3. ACTITUD POSITIVA

La tercera actitud que quiero enseñarte es la actitud positiva, entusiasta. En todo buena leche, ¡vamos para adelante! Yo no soy de los que dicen "¡maldito presidente, estos políticos nos están jodiendo la vida!". Yo no necesito a los políticos para sobrevivir, y si llega el día en que necesite la política para hacerlo, me cambio de carrera, me cambio de país.

¿Quién está preocupado por sus políticos? ¿Quién se preocupa por los actos de corrupción? ¡Al demonio con todo eso! Lo que hay que hacer es ser millonarios, líderes de opinión, líderes de nuestra industria. Así, cuando tú seas líder y tengas tu Facebook con un millón de seguidores y digas: "Pinche corrupto, eres una rata", te lo jodiste. Yo tengo tres millones de seguidores en Facebook. ¿Te imaginas lo que mi boca le puede hacer a un político?

Pero eso no es lo que importa. Aquí lo que se trata es de invitarte a que tengas una actitud de ganador. Porque cuando uno entiende esas cosas, uno no está preocupado por la política.

Es mejor dedicarse a ser una persona maravillosa y una persona influyente de forma positiva.

Yo pongo en mi perfil de Instagram que soy un "influenciador positivo". Porque influenciadores hay muchos, pero positivos somos muy pocos. No soy famoso por decir tonterías en las redes, porque de payaso es bien fácil tener un millón de seguidores.

Pero ganarlos diciendo cosas inteligentes no es tan fácil.

Nosotros con las redes tenemos el poder de generar cambio, pero hay una cosa: tú puedes tener muchos seguidores en las redes, pero si no tienes un quinto no sé cómo vas a ayudar a nadie. Esos influenciadores están llenos de seguidores, llenos de *likes* y no tienen ni un clavo. Por eso mejor conéctate con el dinero.

4. ACTITUD VALIENTE Y ARRIESGADA

"Jamás negociemos con miedo, pero jamás temamos negociar". —John F. Kennedy

Nunca en mi vida he visto a un millonario miedoso. Estudié a más de trescientos y ni uno solo lo era. El miedo es para el que está desconectado del dinero, ese que siempre en vez de ver las oportunidades encuentra los motivos para no hacer las cosas, el típico mente pobre. "Ay no, ¿cómo voy invertir en bitcoins si yo no sé de esas cosas". En cambio, cuando yo me enteré de que el bitcoin valía 6 mil dólares, dije: "Compra mañana", y compramos 20 mil dólares en bitcoins de 6 mil dólares y los vendimos en 14 mil un mes después.

Aprovechamos la oportunidad y aunque el corredor nos decía "no lo venda, no vaya a ser que suba más", ¡boom!, vendimos todo, nos ganamos un billete y listo, se acabó, ya no volvimos a entrarle. Esa es la actitud del millonario, y no el "déjame ver, háblame el próximo mes".

Si tú tienes el dinero ahorrado en el banco y yo te ofrezco una oportunidad, no dices: "Ay, ¿quién sabe? Esa casa es rosada, será que nadie la quiere por ser rosada". Pues la pintamos y ya está. "¿Y si la pintamos y luego tú pintando te caes de la escalera?", pues contrato a un pintor. "¿Y si el pintor te roba al pintarla?", pues lo meto a la cárcel y contrato a otro.

¿Conoces a gente así? De esas que por cada cosa que les propones encuentran una excusa, ponen siempre una objeción, y al final terminan por no hacer nada.

Una vez yo estaba dando consultoría y el vicepresidente que estaba ahí, sentado con el presidente, respondía a cada cosa que yo sugería diciendo que no se podía hacer. Hasta que le dije: "Mira, ¿me pagaste 3 mil dólares la hora para que por cada cosa que yo propongo, tú digas que no se puede? Mejor por qué no me dices lo que sí podemos".

El presidente se le quedó viendo y poco después lo despidieron. ¿Y sabes una cosa? Hicieron bien. Porque la actitud valiente y arriesgada es lo que te hace rico, no el imbécil que todo el tiempo te dice: "Sí, don Roberto, pero tenga paciencia, vamos a explorar". ¡Al demonio!, ¿qué te pasa, idiota? Pagaste 3 mil dólares por mi ayuda y ahora dices que no a todo. Tú dame una idea, tú dinos entonces cómo lo hacemos.

Y no se trata de ser soberbio ni nada de eso. Pero es que estamos haciendo negocios y esto es una batalla. Le pagaste a alguien 3 mil dólares. Escúchalo o, ¿sabes qué?, mejor no lo contrates. El presidente me sigue adorando, a ese vicepresidente no lo he visto nunca más en mi vida.

EPÍLOGO

LO MÁS LINDO DEL DINERO: CAMBIAR EL MUNDO

Cuando te conectas con el dinero entras a un mundo de respeto en el que valoras tu entorno, tu vida, a gente que ni siquiera conoces, y te vuelves más responsable. Es un cambio de conciencia que transforma absolutamente todo, y por eso ser realmente próspero y abundante implica ser millonario en todo: salud, amigos, familia, sabiduría, espiritualidad, tiempo y energía.

No es un proceso fácil. Yo entré en shock cuando descubrí que todo lo que de niño me dijeron sobre el dinero era falso y solo me había dañado. Por eso busqué herramientas para aniquilar todos esos constructos negativos que habían sembrado en mí.

Me dijeron que el dinero no compra la felicidad, y me la he pasado comprando felicidad todo el tiempo.

Durante mi infancia y mi adolescencia escuchaba que los millonarios eran malas personas. Ahora me junto con millonarios que son seres maravillosos.

Me hicieron creer que el dinero corrompe y hace daño, que es mejor "ser pobre pero honesto". La verdad es que sin dinero todo se descuadra. Por eso a mí me parece más justo este dicho popular: "Cuando la pobreza entra por la puerta, el amor salta por la ventana".

Por eso te recomiendo alejarte de las mentes pobres que quieren contagiarte su negatividad y su miedo al dinero. No todo en la vida puede ser quejarse, no se puede vivir hablando de las cosas que no alimentan el alma, la libertad del ser humano y la estabilidad emocional.

Si te enseñaron que para hacer dinero hay que tener dinero, entonces estudia casos de multimillonarios que arrancaron desde cero. Tipos brillantes como Howard Schultz, el de Starbucks; Amancio Ortega, el de Zara; Bill Gates, de Microsoft, y Jeff Bezos, de Amazon. Por supuesto, no fue fácil para ninguno de ellos.

Te garantizo que este libro funciona. Pero eso sí, leer este libro no te va a funcionar si no eres trabajador, si no eres disciplinado y si no te preparas. Tener una mente rica pero sin sabiduría igual te va a quitar todo. El dinero no llega así de fácil nomás porque tienes mente rica, parte de eso implica estudiar y prepararte.

Se necesita cultivar no solo la mentalidad sino también la sabiduría, y si no tienes esas dos características no funciona. Necesitas estudiar y prepararte bien, tanto mental como psicológicamente, con un buen constructo del pensamiento, para lograr una fusión y una amalgama del éxito para que seas millonario.

Esta es una actitud y una forma de ver el mundo en la que los individuos y las personas pasan a primer plano. Por eso hoy puedo decir que soy millonario en todo, aunque me falta mejorar el tiempo y la espiritualidad. Ese es el reto que trato de trabajar todos los días, porque quiero balancear esos dos factores para ser más próspero y abundante.

Reconocer nuestros defectos nos hace más humanos y permite que sepamos en qué tenemos que trabajar para estar aún más conectados con el dinero y ser millonarios integrales.

Es como una cadena: tú le das al universo y regresa, siempre regresa. Si tenemos la capacidad de devolver las cosas buenas que nos pasan en la vida, muy seguramente atraeremos el dinero y volverá multiplicado a nosotros.

Debemos desarrollar la capacidad de entregar sin pedir nada a cambio, de entregar una parte del corazón, inyectando buenas vibras al cosmos. Y se trata de devolver al mundo esa misma energía creando cadenas de buenas vibras.

En ese momento, cuando empieces a comprar felicidad y a salvar niños con cáncer, te darás cuenta de que tu dinero es un motor de cambios en la vida de los demás y en el mundo.

El **dinero** es uno de los **bienes más hermosos** para hacer cosas preciosas en la vida. Te invito a que te abras a una **mentalidad de riqueza** y abundancia y a que le des una **connotación noble** a tu dinero, para que tu dinero no solo se multiplique sino que se vuelva noble y hermoso. Y entonces sí, **serás absolutamente millonario.**

below her mouth?